款待日常の

質感系
甜點

靜心蓮——著

前言

　　我只是一名普通公務員，工作繁忙枯燥，遠沒有大家想像得那麼悠閒自在。壓力太大的時候，下班回到家靜下心來做甜點是最好的休憩和放鬆。不知不覺，愛上烘焙已經五年。我沒有參加過任何專業訓練，起初只是單純的喜歡，後來就越來越享受這其中摸索與發現的過程。每一種甜點，從瞭解它到動手去做，失敗、總結、改進，一點點地進步，直到做得更好，是一種新鮮又刺激的體驗。我從不害怕失敗，因為從失敗中得來的經驗往往比書本上看來的理論更加深刻。

　　其實要感謝編寫這本書的機會，雖然歷時五個多月，白天要工作和照顧家人，只能每天忙碌到深夜。但是，把五年來積累的點滴經驗，一點點系統地梳理並串聯起來，感覺對自己也是一種提升和總結。我不希望這本書只是一個個配方的羅列，我想透過我的甜點傳達一種生活情趣，讓看到它的你也能喜歡上烘焙，感受到美好。

　　在這裡，我要感謝一直關注和喜歡我的朋友們，是你們的陪伴和信任讓我做得更好；感謝家人的支持，幫助我分擔家務，尤其是我的兒子劉果子，在拍攝製作過程期間不厭其煩地幫我按快門。參與本書編寫的還有劉慶、常超、胡真真、劉娟娟、梅雪豔、史俊平、白惠娟、史晶、唐靜、忽亞琦、李垚、郭小濤、李豔平等朋友，在此一併感謝！

　　希望所有的讀者們都能在這本小書裡找到自己的甜蜜和快樂！

Contents 目錄

part

1

烘焙甜點前的準備工作
Preparation For Dessert

﹛ 基礎工具 ﹜

1／烤箱的使用

＊使用烤箱一定要養成提前預熱的習慣，根據預設溫度的
高低，通常要提前約10分鐘，按高於目標溫度攝氏20度
以上進行預熱（如配方中提供的烘焙溫度為180度，則
需提前10分鐘將烤箱設置為200度，待放入烤箱後調回
180度）。這樣做的原因在於打開烤箱門的瞬間，爐內
溫度會急劇下降，需要至少5分鐘才能回升到目標溫度。此外，烘烤過程中要儘量減少打開
烤箱門查看的次數。每開一次烤箱門就應該把設定時間延長1～3分鐘。

＊家用烤箱最好選擇容量25公升以上，能夠上下獨立控溫的烤箱，容量太小的烤箱上下發熱
管距離食物太近，很容易造成表面焦黑但內部尚未烤熟的情況。我常用的是Hauswirt海氏
HO-60SF烤箱，60公升大容量，溫場均衡，可確保食物上色均勻。

＊因為家用烤箱容量較小，請將甜點置於烤箱正中央進行烘烤，例如戚風等體積較大的蛋
糕。如果烤箱為四層，則要將戚風放置在第三層，這樣蛋糕剛好位於烤箱的正中央。如果
烘烤曲奇等體積較小的甜點時，切記不要同時烤兩盤。

＊請參考書中提供的烘烤溫度和時間來操作，但是因每個烤箱的溫度都會存在差異，在烤製
時間進行至三分之二時，一定要勤於觀察，根據實際情況來判斷是否增減時間。根據一段
時間的摸索，掌握自己烤箱的溫度偏差並及時調整。

＊在烤製曲奇等數量較多的點心時，一定要確保同時放入烤箱的個別大小均等，厚薄一致，
烤製過程中根據上色程度觀察烤箱各個部位的受熱溫度高低，中途可以取出烤盤調轉180
度，確保上色均勻。

＊請多準備幾個烤盤，如果底部上色過重，可以在下層加一個烤盤來隔離下火。如果表面上
色滿意，可以透過加蓋鋁箔紙來隔離上火。

2／電動攪拌機

　　電動攪拌機是一種多功能廚房家電，可用於和麵、打發蛋白、奶
油、鮮奶油等，是烘焙點心的絕佳助手，解放雙手，效率更高。相較於
手持電動打蛋器，它的功率更大，細密的攪拌網及獨特的攪拌方式更有
利於打發。除基礎功能外，可選擇更多配件（如絞肉灌腸、壓麵、切
菜、榨汁等）協助你製作中西美食。我常用的電動攪拌機為Hauswirt海氏
HM790。

3／曲奇餅乾鏟

可用來移動較小的蛋糕或餅乾類糕點，也可切割小型蛋糕。

4／網篩

材質採用304（或18/8）不鏽鋼。用來過篩粉類或液體，可根據需求選擇不同粗細的網眼來使用。

5／烘焙紙

製作糕點時，鋪墊在烤盤中，可以防止糕點與模具沾黏，使蛋糕體表面更完整。

6／電動打蛋器

用於打發蛋白、全蛋、奶油及鮮奶油。

7／手動打蛋器

用於普通的原料混合。選擇鋼絲軟硬適中、彈性較好的。過軟的鋼絲在攪拌奶油、乳酪等阻力較大的原料時會力不從心。

8／量勺和量杯

根據配方酌情使用。需要注意的是，在量取原料時，盛滿後要將表面刮平，以減少秤量誤差。

9／不鏽鋼打蛋盆

用於攪拌各種食材，打發蛋液、鮮奶油等的容器。建議選擇不鏽鋼或玻璃材質的打蛋盆，圓弧型的盆體更有利於打發、攪拌。底部帶有矽膠防滑的產品是不錯的選擇。

10／晾網

最好選用格狀晾網，在放置曲奇類小塊的甜點時，不會從縫隙中掉落。

11／電子秤

原料用量的秤量應盡可能準確。一般原料的誤差在1～2克內可以忽略，但是如泡打粉之類用量極少的原料應確保誤差不超過0.5克。

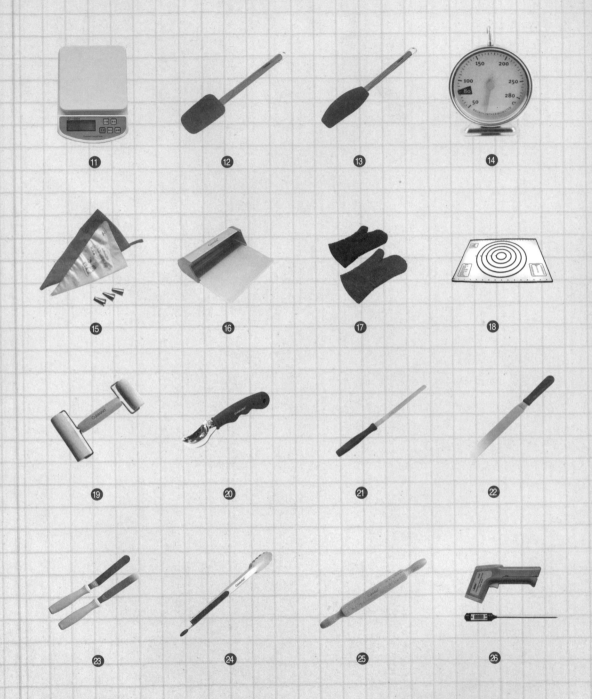

⑪　⑫　⑬　⑭

⑮　⑯　⑰　⑱

⑲　⑳　㉑　㉒

㉓　㉔　㉕　㉖

12／矽膠攪拌鏟

用於熬煮醬類、糖漿類的攪拌，也可在不沾鍋、煎盤內使用。可代替湯匙。

13／矽膠刮刀

用於攪拌麵糊，也可用於熬煮醬類、糖漿類，加長的形狀特別適合刮淨盆緣的麵糊。

14／烤箱溫度計

可一直放置在烤箱中，隨時檢測烤箱的實際溫度。全金屬製作，耐熱性好。一般需要加熱後10～15分鐘才能反映烤箱中的實際溫度。

15／裱花袋和裱花嘴

裱花袋：需要準備普通塑膠材質的拋棄式裱花袋，用於奶油裱花、製作糖霜餅乾或盛裝較柔軟的麵糊入模等，矽膠或布質裱花袋則用於擠曲奇這類質地濃稠的麵糊。
裱花嘴：準備幾個常用的花嘴，中號圓嘴、菊花嘴是必備的，用來製作手指餅乾和曲奇。其他花嘴可根據裱花的需求來購買。尖部細長的泡芙專用花嘴方便從底部將餡料填入泡芙中。

16／多功能刮板

是製作麵包、餅乾等麵點的基本工具之一，可用來切割麵糰、鏟起麵粉等，當然也可以用來抹平蛋糕糊的表面。

17／隔熱手套

全棉材質，結實耐用。部分手套前半覆有矽膠防滑處理，可更加穩定地握住烤盤。建議選擇長度較長的手套，從烤箱中拿取烤盤時，能更全面地保護手臂部分。

18／矽膠墊

可鋪在平整的桌面上做揉麵墊使用，亦可鋪在烤盤中防止沾黏，能重覆使用，易於清洗。具有較好的防沾黏效果。

19／多功能雙頭翻糖滾輪

多功能滾輪，天然櫸木材質，無漆無蠟更環保。一頭為翻糖滾輪使用，另一頭為派和披薩滾壓之用。

20／冰淇淋勺

可用於製作冰淇淋球，挖出冰淇淋放到需要的糕點或盤中做裝飾之用。也可以舀起液體等當普通的湯匙來使用。

21／脫模刀

用於奶油或巧克力、果醬等蛋糕表面的抹平修整，也為進一步製作裝飾蛋糕做好準備。較窄的刀面可以提供更精準的修整效果。也可用來輔助蛋糕脫模。

22／蛋糕抹刀

用於奶油或巧克力、果醬等蛋糕表面的抹平修整，也為進一步製作裝飾蛋糕做好準備，讓糕點呈現美觀精緻的外觀效果。

23／蛋糕小抹刀

用於較小尺寸蛋糕的表面抹平修整，如杯子蛋糕等。

24／食物夾

可輕易夾取加熱中的食物而避免手部燙傷，較長的矽膠手柄具有很好的隔熱效果。在烤肉、烤蔬菜時都會用到。

25／櫸木擀麵棍

主要用來擀平麵皮等。有的擀麵棍帶刻度，便於在製作麵點的過程中確實掌握各式所需的尺寸。

26／食物溫度計和紅外線測溫儀

探針式食物溫度計用於測量食物內部溫度，在熬製糖漿時一定會派上用場。紅外線測溫儀可以在不接觸食物的狀態下進行測溫，用於不需要非常精準的情況，如隔水打發全蛋時用於測量水溫。

基礎模具

17吋／45公分托盤

13吋／34公分托盤

12連杯子蛋糕模

8吋正方模

13吋／35公分長方烤盤

6吋活動式圓模

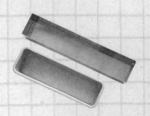

磅蛋糕模

塔模

中空戚風模

⎨ 基礎原料 ⎬

奶油

可可粉

吉利丁片

玉米粉
（本書所使用玉米粉
均為玉米澱粉）

細砂糖

巧克力

奶油乳酪

糖粉

抹茶粉

杏仁粉

香草豆莢和香草精

part

2

曲奇・酥餅

Cookie

曲奇是最適合烘焙新手們入門學習的類型，因為製作簡單不易失敗，幾乎第一次製作就能夠輕鬆完成。但是真正要做到完美的口感，還是需要更多的練習和用心感受。

1／如何快速軟化奶油？

　　曲奇的配方中均會使用大量油脂類原料，而奶油是使用最廣泛的一種。除此之外，也有使用豬油和植物油的配方。奶油在原料中的比例及打發程度，決定了成品的口感。促使奶油充分打發的前提是軟化，軟化不足或軟化過度都會影響後續的打發狀態。奶油的溫度在攝氏20～22度最適宜打發，此時用手指按壓奶油，可以留下清晰指印。如果室內溫度大約在23度，那麼從冰箱取出的冷藏的奶油，待自然回溫後的狀態就剛剛好。夏天溫度過高時，可將軟化過度的奶油隔冷水降溫。冬天室溫過低時，可以用微波爐加熱軟化奶油，每隔3秒鐘即取出，用刮刀切一下，觀察軟化的程度，切記不可加熱過久使其融化。

＊需注意，使用微波爐軟化奶油前，最好將其切成大小均等的塊狀或薄厚一致的片狀，排放整齊，這樣才能確保奶油的溫度保持均勻。

2／奶油要打發到什麼程度？

　　打發奶油可使用電動或手動打蛋器，將軟化的奶油和糖粉粗略混合均勻，開始攪拌，保持奶油溫度在攝氏20度左右。溫度過低打發效果不好，溫度過高則會使成品失去彈性。用打蛋器充分地攪拌奶油，特別要注意將盆壁上不易攪拌到的奶油用刮刀刮到攪拌盆中間，直至將奶油打發到蓬鬆發白、富含空氣的狀態。

＊並不是所有的配方都要求將奶油打發，不同的打發程度會帶來不同的口感，請務必按照配方的要求來操作。

3／打發奶油時為何會出現「豆腐渣」的狀態？

　　很多曲奇的配方中，除奶油、糖、麵粉之外還會有液體材料，如雞蛋、牛奶、鮮奶油、水等，混合材料往往也是容易出錯的步驟。奶油對溫度極敏感，在打發的奶油中加入液體材料時，如果忽略了這一點，就容易造成油水分離。簡單來説，就是奶油和液體不能充分融合乳化而形成類似「豆腐渣」的狀態。因此需要特別注意這一步，一定要加入常溫液體而不是冷藏的低溫液體，少量多次加入，每次都攪拌至完全吸收再加入下一次的量，才能確保不會油水分離。如果已經發生油水分離現象，那麼隔溫水（溫度不要太高）攪拌或將配方中的少量麵粉先行加入攪拌，或許可以挽救。

4／為什麼配方中會使用不同種類的麵粉？為什麼麵粉要過篩？

低筋麵粉搭配玉米粉、低筋麵粉、中筋麵粉甚至是高筋麵粉，這些都是製作曲奇（及酥餅）時可以使用的麵粉。筋度越低的麵粉口感越酥鬆，反之越酥脆。透過調整不同種類麵粉或按一定比例混合使用，就能取得完全不同的口感。不管是單獨使用一種，還是使用多種麵粉，都應事先過篩，使麵粉鬆散沒有結塊，這樣可節省攪拌時間，更加容易混合，成品也會更加膨鬆可口。

5／曲奇花紋為什麼在烘烤後消失？

擠好的曲奇麵糊紋路清晰，但是烘烤後就完全消失了，怎麼回事？這通常是因為使用了太多細砂糖，或因奶油打發過度導致麵糊延展性太強所致。製作曲奇最好使用糖粉或少量細砂糖和糖粉混合使用。另外，奶油的打發程度要準確控制，切忌打發過度。

6／完全按配方中的溫度和時間，為何烤出的曲奇沒熟或烤焦？

因為烤箱都會存在一定的溫差，且體積越小的烤箱熱力分布越為集中，所以建議在烘烤過程中要注意監控烤箱內的情況，中途可取出烤盤調轉方向以使各個位置的曲奇上色均勻。在達到配方建議時間的三分之二時，就要查看是否可以出爐或增減烤製時間。如果底部上色過重的話，應該適當調低下火或過程中在下層加一個烤盤隔離下火。

7／如何保存曲奇？

烤好的曲奇放涼片刻後，再用120度的低溫回爐烘烤3分鐘，再次放至微溫時就放入密封盒保存。這個方式採用密封式熱力燃燒空氣，類似於物理學抽真空的處理方法，可以讓曲奇保存約1個月。如果曲奇久置或遇潮變得不再酥脆，就應該以150度再次烘烤3～5分鐘。

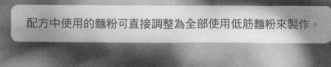
配方中使用的麵粉可直接調整為全部使用低筋麵粉來製作。

小花曲奇

材料

奶油……100克

糖粉……65克

全蛋……32克

香草精……少許

中筋麵粉……128克

玉米粉……23克

烘焙

180度,上下火,中層,20分鐘

準備

● 奶油軟化。

● 全蛋液加少許香草精打散。

● 中筋麵粉和玉米粉混合過篩。

 製作步驟

1　奶油軟化後用刮刀拌勻，加入糖粉略微混合，以免攪拌時被打蛋器揚起（圖1～2）。

2　用打蛋器打發至膨鬆發白的羽毛狀（圖3）。

3　分3～4次加入打散的全蛋液和香草精混合物，每次都要攪拌至完全吸收，再加入下一次的量（圖4～5）。

4　將中筋麵粉和玉米粉篩入打發的奶油中，用刮刀混合均勻（圖6～7）。

5　完成的麵糊裝入套好裱花嘴的裱花袋中，均勻地擠在烤盤上，每個曲奇麵糊之間要留有間距，以免烘烤後膨脹，放入預熱的烤箱烘烤至表面金黃（圖8～9）。

6　出爐後立即用鏟子將曲奇鏟起，置於晾網上，放涼後密封保存（圖10）。

奶酥曲奇

（直徑約3公分，酥餅，42塊）

材料

奶油……65克
鹽……少許
糖粉……40克
鮮奶油……45克
低筋麵粉……100克

烘焙

170度，上下火，中層，20分鐘

準備

• 奶油軟化。
• 鮮奶油恢復室溫。

製作步驟

1　奶油軟化後加入少許鹽（圖1）。

2　分3次加入糖粉，打發至顏色發白，體積膨鬆（圖2）。

3　在打發的奶油中加入鮮奶油，攪拌至完全吸收（圖3）。

4　篩入低筋麵粉（圖4）。

5　用刮刀將低筋麵粉混合均勻（圖5）。

6　將麵糊裝入裱花袋，在烤盤上擠出大小一致的曲奇麵糊，注意花嘴與烤盤要垂直並距離約1公分，右手握緊裱花袋的收口處，左手施力均勻擠出麵糊，放入預熱的烤箱烘烤（圖6）。

香蔥曲奇

 材料

奶油……70克

糖粉……50克

鹽……3克

沙拉油……50克

清水……50克

青蔥末……30克

低筋麵粉……200克

 烘焙

180度，上下火，

中層，15〜20分鐘

 準備

● 奶油軟化。

● 蔥洗淨瀝乾，只取綠色部分切碎。

製作步驟

1 奶油軟化後，加入糖粉和鹽，用刮刀略微拌勻（圖1）。

2 將奶油打發至顏色發白，體積膨鬆（圖2）。

3 在打發的奶油中，加入沙拉油繼續打發至完全吸收（圖3）。

4 加入清水打發至滑順（圖4〜5）。

5 加入青蔥末，用刮刀拌勻（圖6〜7）。

6 篩入低筋麵粉，用刮刀拌勻至無乾粉顆粒（圖8〜9）。

7 將麵糊裝入裱花袋，在烤盤上擠出大小一致的曲奇。注意花嘴與烤盤要垂直並距離約1公分，右手握緊裱花袋的收口處，左手施力均勻擠出麵糊，放入預熱的烤箱烘烤（圖10）。

抹茶夾心曲奇

（3×4公分，長方形夾心曲奇，30片）

 材料

A
- 奶油……30克
- 糖粉……25克
- 牛奶……8克

夾心
- 奶油……30克
- 糖粉……10克
- 抹茶粉……適量

B
- 低筋麵粉……35克
- 玉米粉……8克
- 杏仁粉……15克

烘焙

160度，上下火，中層，12～15分鐘

 準備

- 奶油軟化。
- 材料B的粉類混合過篩。

製作步驟

1 將軟化的奶油分3次加入糖粉打發（圖1～2）。

2 在打發的奶油中加入牛奶並攪拌至吸收（圖3～4）。

3 將材料B的粉類混合篩入奶油中，用刮刀拌勻（圖5～6）。

4 將麵糊裝入裱花袋，這裡使用的是排花嘴，將花嘴與烤盤呈45度角傾斜，並排擠出2條長度相同的麵糊為1片曲奇，全部擠好後放入預熱的烤箱烘烤（圖7）。

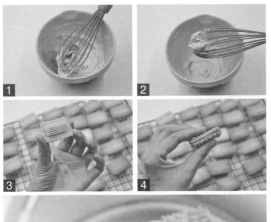

製作夾心步驟

1 將軟化的奶油與糖粉混合攪拌均勻後，根據喜歡的顏色濃淡篩入抹茶粉（圖1）。

2 攪拌至抹茶粉與奶油充分融合即可使用（圖2）。

3 用排花嘴將夾心擠在一片曲奇上，夾上另一片即可（圖3～4）。

tips

完成夾心的曲奇冷藏後更好吃。

巧克力沙布列

（直徑4.5公分，圓餅，36片）

材料

奶油……100克
糖粉……52克
鹽……少許
蛋白……26克
低筋麵粉……104克
可可粉……8克

烘焙

200度，上下火，中層，4分鐘
後轉180度再烤6分鐘

準備

- 奶油軟化。
- 低筋麵粉和可可粉混合過篩。
- 夾餡材料中的黑巧克力切碎。

製作步驟

1 軟化奶油加少許鹽和全部糖粉，
   打發至膨鬆發白（圖1）。

2 分次加入蛋白攪拌至完全吸收
   （圖2）。

3 篩入可可粉和低筋麵粉（圖3）。

4 將麵糊混合均勻（圖4）。

夾餡材料

可可含量不低於60%的黑巧克力……63克
細砂糖……1/2小匙
鮮奶油……50克
奶油……10克

5 用直徑0.5公分的小號圓型花嘴擠出直徑4.5公分的螺旋形圓餅，放入預熱的烤箱
   烘烤（圖5）。

6 製作夾餡。鮮奶油和細砂糖混合煮沸後，倒入切碎的黑巧克力中攪拌至融化（圖6）。

7 當黑巧克力攪拌至濃稠滑順，再加入奶油攪拌至吸收（圖7）。

8 完成的夾餡很稀不能立即使用，室溫靜置直到稍微凝固時，用小號圓嘴擠在一片
   餅乾底部，注意不要擠得同餅乾一樣大小，兩片夾起時會稍微擴展一些（圖8）。

可可雪球

（直徑2.5公分，雪球，51個）

材料

奶油……92克

糖粉……40克

鹽……少許

低筋麵粉……108克

可可粉……10克

腰果……60克

裝飾用糖粉……適量

烘焙

200度，上下火，中層，4分鐘
後轉170度再烤6分鐘

準備

● 腰果以150度烘烤約12分鐘，
  至表面金黃有香氣，取出放
  涼，切小塊。

● 奶油軟化。

● 低筋麵粉和可可粉混合過篩。

製作步驟

1 軟化奶油加少許鹽和全部糖粉，打發至膨鬆發白（圖1）。

2 一次加入全部的低筋麵粉和可可粉混合物，混合均勻（圖2）。

3 加入烤香的腰果混合均勻（圖3）。

4 將麵糰裝入保鮮袋，冷藏鬆弛30分鐘以上（圖4）。

5 取出冷藏的麵糰，切分成6克/個，揉成圓球排列在烤盤上，放入預熱的烤箱烘
   烤（圖5）。

6 出爐後將雪球置於晾網上，趁熱撒大量糖粉裹滿，放至涼透即可（圖6）。

＊不同於花式曲奇的打發程度，奶油略微打發
　即可，以免膨脹過度。
＊使用紅茶茶包的茶葉，如果不夠細，記得要
　研磨一下。
＊餅乾切片一定要均勻，厚度不一致會導致烤
　熟時間無法統一，上色不均勻。

紅茶酥餅

（直徑約3公分，酥餅，42塊）

材料

奶油……100克

糖粉……43克

雞蛋……11克

低筋麵粉……143克

紅茶……5克

裝飾用細砂糖……適量

烘焙

170度，上下火，中層，20分鐘

準備

- 低筋麵粉和紅茶混合過篩。
- 奶油軟化。
- 雞蛋恢復室溫並打散。

製作步驟

1 奶油軟化後加入糖粉，用刮刀稍微拌勻（圖1）。

2 用手動打蛋器將奶油攪拌至顏色泛白，質地滑順（圖2）。

3 分2次加入打散的蛋液，每次都要攪拌至完全吸收（圖3）。

4 將低筋麵粉和紅茶的混合物篩入奶油中（圖4）。

5 用刮刀混合均勻至沒有乾粉即可，不要過度攪拌，將完成的麵糰冷藏約30分鐘（圖5）。

6 取出冷藏的麵糰分成2份，在不沾式烤盤上撒少許高筋麵粉防沾黏，將麵糰搓成長條（圖6）。

7 將整形好的麵糰包上保鮮膜，冷凍3小時以上待其變硬（圖7）。

8 工作檯撒上細砂糖，將冷凍好的麵糰取出滾動，使其沾滿糖粒（圖8）。

9 用利刀切成約0.8公分厚的片（圖9）。

10 切好的餅乾麵糰排列在烤盤上，注意要留一定間距，以免膨脹後沾黏，放入預熱的烤箱烘烤（圖10）。

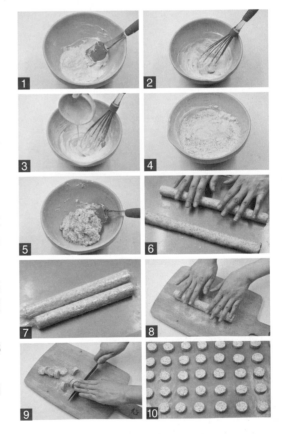

抹茶酥餅

酥脆的小餅，每一口都有抹茶留下的微苦香味。

材料

A
- 奶油……50克
- 鹽……少許
- 糖粉……30克
- 全蛋液……2小匙

B
- 抹茶粉……3克
- 低筋麵粉……65克
- 杏仁粉……25克

烘焙

170度，上下火，中層，13～15
分鐘

準備

- 奶油軟化。
- 材料B中的抹茶粉先過篩一
  次，再加入低筋麵粉、杏仁粉
  混合過篩。

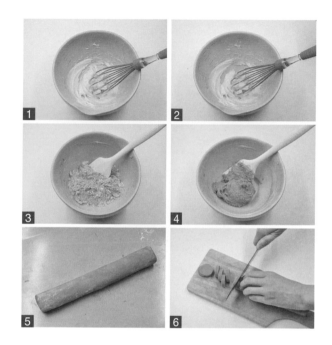

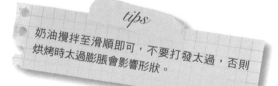

tips

奶油攪拌至滑順即可，不要打發太過，否則
烘烤時太過膨脹會影響形狀。

製作步驟

1 軟化的奶油加入糖粉和少許鹽攪拌滑順（圖1）。
2 加入2小匙打散的蛋液攪拌至吸收（圖2）。
3 加入過篩的材料B（圖3）。
4 攪拌至無乾粉顆粒，冷藏15分鐘（圖4）。
5 撒少許高筋麵粉，將麵糰搓成圓形棒狀，包上保鮮膜冷凍3小時以上（圖5）。
6 取出凍硬的麵糰在室溫靜置5分鐘，用刀切成0.5公分厚，排入烤盤，放入預熱
  的烤箱烘烤（圖6）。

外表看起來樸實無華，但只要試一次就會愛上它。奶油的比例不高，加入了大量花生醬，非常酥脆且有花生醬濃郁的香味。躲在小餅裡的花生顆粒非常令人驚喜，讓你嘴巴停不了。

花生醬小餅

（直徑約3.5公分，小餅，大約40塊）

 材料

奶油……100克
糖粉……80克
鹽……3克
雞蛋……1個
顆粒花生醬……100克
低筋麵粉……190克

 烘焙

180度，上下火，中層，
15～20分鐘

 準備

- 奶油軟化。
- 低筋麵粉過篩。
- 雞蛋恢復室溫並打散。

 製作步驟

1 奶油軟化，加入鹽和糖粉，用刮刀略微攪拌後打發
（圖1）。

2 分3～4次加入全蛋液，攪拌至吸收
（圖2）。

3 一次加入全部花生醬攪拌均勻（圖3～
4）。

4 篩入低筋麵粉用刮刀拌勻（圖5～6）。

5 將麵糰分成大小一致的圓球，用叉
子沾水橫向縱向各壓一次形成十字花
紋，放入預熱的烤箱烘烤（圖7）。

tips

＊最後整形時，可以用湯匙直接挖取麵糊，
放在不沾黏的烘焙墊上，不用介意它的形
狀，就會烤出比較造型隨意的小餅。也可
以用手揉圓，形成可愛的圓餅。不管如何
整形，都一定要確保大小一致。

＊烘烤至上色滿意後，可以關閉電源，利用
餘溫再烘烤一會兒。涼透後若還不夠酥
鬆，可放入150度的烤箱再烘烤約5分鐘。

蔓越莓夾心餅乾

這是一款不含奶油的小酥餅,配方中的蔓越莓可以替換為葡萄乾、藍莓乾等,酥鬆的餅乾搭配酸甜夾心非常美味。

 材料

A
低筋麵粉……100克
泡打粉……1.5克
肉桂粉……少許
細砂糖……20克
鹽……少許

B
沙拉油……30克
雞蛋……1個

C
蔓越莓……80克
水……50克

 烘焙

160度,上下火,中層,30分鐘

製作步驟

1 材料C中的蔓越莓洗淨，加水煮至水分蒸發，冷卻後用廚房紙巾吸乾表面水分（圖1～3）。

2 材料A的所有原料用類似淘米的手法拌勻（圖4～5）。

3 加入材料B的沙拉油，雙手搓成散碎的顆粒（圖6～8）。

4 加入1/2打散的蛋液，用刮刀拌勻（圖9～10）。

5 將成形的麵糰置於烘焙紙上，用擀麵棍擀成長方形（圖11）。

6 把蔓越莓均勻平鋪在長方形的下半部分（圖12）。

7 將上半部分麵皮向下對折，包覆蔓越莓，用手掌輕輕壓實（圖13）。

8 再次用擀麵棍擀成正方形，表面刷上剩餘的蛋液，放入預熱的烤箱烘烤（圖14）。

9 出爐後趁熱切成16塊（圖15）。

藍莓油酥夾心餅乾

一款非常好吃的低油、低糖餅乾，帶顆粒的藍莓夾心酸酸甜甜。

 材料

A
低筋麵粉……150克
杏仁粉……50克
紅糖……20克
肉桂粉……少許
鹽……少許

B
植物油……50克
楓糖漿……30克

C ─ 冷凍藍莓……100克

 烘焙

170度，上下火，中層，50分鐘

 製作步驟

1 材料A的所有粉類用手以淘米的方式混合均勻（圖1）。

2 加入植物油，雙手搓成粗顆粒（圖2～3）。

3 加入楓糖漿，用刮刀拌成均勻的細碎顆粒（圖4～5）。

4 取一半酥粒平鋪在模具底部，用手壓實（圖6）。

5 將冷凍藍莓平鋪一層（圖7）。

6 將另一半酥粒平鋪在上層，用手輕輕壓實，放入預熱的烤箱烘烤，烤好後取出，趁熱切塊放涼（圖8）。

椰香巧克力豆餅乾

 材料

A
低筋麵粉……50克
椰子粉……50克
細砂糖……20克
泡打粉……2.5克
鹽……少許

B
沙拉油……30克
水……23克

C 巧克力豆20克

 **烘焙**

160度，上下火，中層，
25分鐘

製作步驟

1 材料A的所有原料以淘米的手法混合均勻（圖1）。

2 加入材料B的沙拉油，用雙手搓成細碎的顆粒（圖2～3）。

3 加入水，用刮刀混合均勻（圖4）。

4 加入材料C的巧克力豆混合均勻（圖5）。

5 用大型量勺挖取餅乾麵糊，以手指輕輕壓實後，從一側推出，放置在烤盤上，放入
　 已預熱的烤箱烘烤。因為餅乾比較厚，待烤至表面金黃色後，關閉電源留在爐中，
　 用餘溫將餅乾烘至熟透（圖6～9）。

它的味道遠沒有名字來得那麼可愛，卻像極了一位熱辣的女郎。豬油、肉桂、檸檬皮、蘭姆酒香味交織，炒熟的杏仁粉和麵粉使小甜餅入口即化。

西班牙小甜餅

（直徑3公分小甜餅，大約35塊）

材料

豬油……70克
糖粉……50克
1顆檸檬的皮屑
肉桂粉……適量
蘭姆酒……30克
低筋麵粉……100克
（請準備130克）
杏仁粉……30克

烘焙

140度，上下火，中層，20分鐘

製作步驟

1 將低筋麵粉篩入鍋裡，以中火翻炒至金黃色。用同樣方法將杏仁粉炒至金黃色。豬油加細砂糖攪拌至滑順。

2 取1顆檸檬的皮屑加入豬油中。

3 加入肉桂粉和蘭姆酒，將豬油攪拌滑順。

4 將放涼的粉類秤量後再次篩入豬油中。

5 用刮刀拌成團。

6 麵糰擀成厚度約0.8公分的厚片，用直徑約3公分的圓形模具切出小餅，剩餘麵糰再重新擀開。

7 擺入烤盤，留一定間距，放入預熱的烤箱烘烤。

戚風蛋糕
Chiffon Cake

　　使用家中隨時常備的雞蛋、麵粉、牛奶、砂糖
和油,就能製作出鬆軟濕潤輕柔如雲朵的戚風蛋
糕。建議先熟練原味戚風的製作訣竅,再嘗試其
他風味。

1／如何選擇戚風模具？

因為戚風麵糊要依靠附著在模具上爬升膨脹，所以模具的選擇很重要。內壁帶有不沾塗層的模具不適合用來製作戚風。推薦使用導熱效果好且內壁附著力強的中空鋁製模具。中空設計的戚風模因為加大了麵糊的附著面積，在製作戚風時效果會較普通圓模更好。

2／麵粉一定要過篩嗎？

製作戚風蛋糕最好要將麵粉過篩2次。第一次將麵粉從較高的位置分散地篩在一張烘焙紙上，此一步驟的作用是將有細小結塊的麵粉變得鬆散、質地均勻；第二次是將過篩後的麵粉重新用粉篩篩入蛋黃糊中，目的是使麵粉能更充分地與蛋黃糊混合均勻。

3／蛋黃糊製作的要點

蛋黃糊製作中只需注意兩點：一是乳化，原料中的水分和油脂要充分乳化，最好將水分加熱至人體溫度後混入，攪拌至不見油花分布的狀態；二是混合麵粉不要過度，篩入低筋麵粉後攪拌至均勻滑順即可，不必過度攪拌，以免麵粉起筋。

4／如何判斷戚風成熟？

除了依配方建議的溫度和時間外，因烤箱存在的溫差，要在中途上色後加蓋鋁箔紙防止表面上色過重，接近烤製結束時要測試麵糊熟度，用竹籤或蛋糕探針插入戚風內部，拔出的竹籤上如果帶有濕潤的麵糊表示尚未烤熟，如竹籤乾淨無沾黏，說明已經烤製完成，可以出爐。

5／製作戚風蛋糕可以使用什麼種類的油脂？

通常使用味道較清淡的玉米油、沙拉油。花生油等氣味較濃重的油脂會影響蛋糕風味的清爽程度，不建議使用。

tips

＊打發蛋白必須使用無油無水的乾淨容器。蛋白中不能混入蛋黃，如果分離蛋白時不小心混入蛋黃，可以用蛋殼的尖角將蛋黃挑出。

＊蛋白在略高的溫度下可以快速打發，但是這樣打發的蛋白霜不夠穩定，我們建議的方法是使用冷藏的雞蛋，或者分離出蛋白後，先冷凍至周圍結有薄冰時再打發，延長打發時間，以得到質地更穩定的蛋白霜。

tips

＊在打發蛋白的同時加入少許檸檬汁或白醋，可以中和蛋白的鹼性，同時使蛋白霜更加穩定。蛋白全程均以高速打發，在接近所需要狀態時，可以調整為中低速，如此適度打發的蛋白霜會更為細膩，沒有過多大氣泡。完成的蛋白霜要及時使用，否則會鬆弛、失去光澤，從而消泡、塌陷。

翻拌的手法
將打發的蛋白霜分3次與蛋黃糊混合均勻是製作戚風的重要環節。在蛋黃糊和蛋白霜都穩定無失誤的前提下，翻拌混合是戚風成敗又一關鍵步驟。

原味戚風

（17公分中空戚風）

材料

蛋黃……4個	低筋麵粉……64克
細砂糖……30克	玉米粉……16克
牛奶……60克	蛋白……4顆份
玉米油……54克	細砂糖……60克

烘焙

180度，上下火，中下層，35～40分鐘

準備

● 將蛋黃蛋白分離，置於無油無水的盆中，蛋白冷凍至邊緣有薄冰，備用。

● 烤箱預熱至200度。

製作步驟

1 蛋黃中加入細砂糖，攪拌至砂糖融化（圖1～3）。

2 加入玉米油攪拌均勻（圖4）。

3 加入牛奶攪拌均勻（圖5）。

4 將低筋麵粉和玉米粉混合篩入並攪拌均勻（圖6～7）。

5 取出冷凍至邊緣結薄冰的蛋白，以打蛋器高速攪拌至產生大的泡沫時，加入1/3量的細砂糖（圖8）。

6 繼續攪拌至泡沫變得細膩，再加入1/3細砂糖（圖9）。

7 繼續攪拌至蛋白霜即將失去流動性，加入剩餘細砂糖，保持高速攪拌（圖10）。

8 將蛋白霜打發至乾性（硬性）發泡，拉起的蛋白霜呈現短小挺立的尖角狀（圖11）。

9 用刮刀取1/3量的蛋白霜放入蛋黃糊裡（圖12）。

10 用手動打蛋器以「切拌」的方式將蛋白霜與蛋黃糊混合，不要畫圈攪拌，左手轉動攪拌碗，右手切拌，蛋白霜結塊的部分是切拌的重點（圖13）。

11 拌勻的狀態是顏色均勻，沒有結塊的蛋白霜（圖14）。

12 再次以刮刀取1/3量的蛋白霜到蛋黃糊裡（圖15）。

13 仍然以切拌的方式完成混合，同時可輔助用手動打蛋器翻拌，具體做法是手動打蛋器自攪拌碗2點鐘方向沿盆壁劃過底部滑至7點鐘方向，順勢翻轉手腕將盆壁未能攪拌的麵糊翻至中間位置（圖16）。

14 翻拌均勻的蛋黃糊倒入剩餘的1/3蛋白霜中（圖17）。

15 仍然以手動打蛋器切拌、翻拌直至麵糊顏色均勻，無蛋白霜顆粒（圖18～20）。

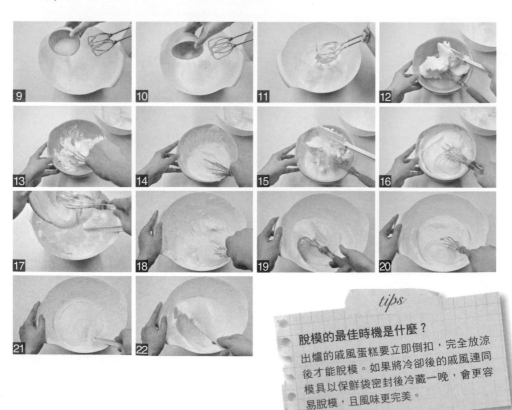

tips

脫模的最佳時機是什麼？
出爐的戚風蛋糕要立即倒扣，完全放涼後才能脫模。如果將冷卻後的戚風連同模具以保鮮袋密封後冷藏一晚，會更容易脫模，且風味更完美。

16 換用刮刀，以翻拌的手法將麵糊從底部翻起，徹底混合均勻（圖21～23）。

17 完成的麵糊從高處倒入模具中（圖24）。

18 雙手按壓模具，在桌面上震幾下使麵糊平整並震出內部大的氣泡，放入預熱的烤箱烘烤（圖25）。

19 烘烤過程中，表面上色滿意後就要加蓋鋁箔紙，防止上色過重。在距離設定時間還有約5分鐘時，拿竹籤插入蛋糕內部，取出後看有無帶出濕黏的麵糊。如果竹籤是乾爽的，表示蛋糕已烤熟。配方提供的時間僅供參考，確切的烘烤時間要視情況靈活掌握。蛋糕出爐後立即倒扣，放涼後才能脫模（圖26）。

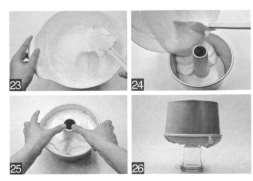

優酪戚風

（15公分中空戚風）

材料

A
- 蛋黃……3個
- 玉米油……37克
- 優酪乳……65克
- 低筋麵粉……52克

B
- 蛋白……3個份
- 細砂糖……50克

烘焙

180度，上下火，中下層，25分鐘

準備

- 優酪乳加熱至微溫。
- 低筋麵粉過篩。
- 將蛋白蛋黃分離，蛋白放冰箱冷凍至邊緣結薄冰。

製作步驟

1 蛋黃加入玉米油攪拌均勻（圖1）。
2 加入溫熱的優酪乳攪拌均勻（圖2）。
3 篩入低筋麵粉攪拌均勻（圖3～4）。
4 蛋白分3次加入細砂糖打發（圖5）。
5 取1/3量的打發蛋白霜與蛋黃糊翻拌均勻（圖6）。
6 再取1/3量的打發蛋白與蛋黃糊翻拌均勻後，倒回剩餘蛋白霜中（圖7）。
7 翻拌成細緻均勻的戚風麵糊（圖8）。
8 入模後震模2次，放入預熱的烤箱烘烤（圖9）。

百香果戚風

（10公分中空迷你戚風3個）

 材料

蛋黃……3個

細砂糖……20克

百香果汁……45毫升

玉米油……45克

低筋麵粉……65克

蛋白……3個份

細砂糖……35克

 烘焙

155度，上下火，

中下層，35分鐘

　製作方法同「原味戚風」，此配方也可用於製作一個15公分的戚風蛋糕。

　百香果對半切開，取果肉，過濾出果汁使用。

可可戚風

（17公分中空戚風）

材料

蛋黃……4個

細砂糖……25克

牛奶……60克

玉米油……50克

低筋麵粉……60克

可可粉……15克

蛋白……4個份

細砂糖……55克

烘焙

180度，上下火，中下層，35～40分鐘

製作方法同「原味戚風」。

提前將可可粉和低筋麵粉混合過篩。可可粉很

容易令蛋白霜消泡，因此操作時要格外注意。

tips

製作的戚風蛋糕為什麼會凹底？

戚風脫模後發現底部不平整，而是凹陷狀態，這是底火
過大所致。一般情況下，易出現在烤箱容量較小，模具
放置在最下一層緊貼下發熱管導致。改善的方法是儘量
不要將模具放置在烤網上，而是放在烤盤，以隔絕下
火。也可將烤盤反向放置，這樣平面高度會在倒數第一
和第二層之間，以製造出離下發熱管較遠的距離。

南瓜戚風

（15公分中空戚風）

 材料

A
- 蛋黃……3個
- 玉米油……37克
- 牛奶……20克
- 南瓜泥……55克
- 低筋麵粉……56克

B
- 蛋白……3個份
- 細砂糖……48克

 烘焙

180度，上下火，中下層，25分鐘

 準備

- 南瓜去皮去瓤蒸熟，碾成泥過篩。
- 低筋麵粉過篩。
- 將蛋白蛋黃分離後，蛋白冷凍至邊緣結薄冰。

 製作步驟

1 蛋黃加入玉米油攪拌均勻（圖1）。

2 加入溫熱的牛奶攪拌均勻（圖2）。

3 加入南瓜泥攪拌均勻（圖3）。

4 篩入低筋麵粉攪拌均勻（圖4）。

5 完成蛋黃糊（圖5）。

6 蛋白分3次加入細砂糖打發（圖6）。

7 取1/3量的打發蛋白霜，與蛋黃糊翻拌均勻（圖7）。

8 再取1/3量的打發蛋白，與蛋黃糊翻拌均勻後，倒回剩餘蛋白霜中（圖8）。

9 翻拌成細緻均勻的戚風麵糊（圖9）。

10 入模後震模2次，放入預熱的烤箱烘烤（圖10）。

黑芝麻戚風

（15公分中空戚風）

材料

蛋黃……3個
玉米油……37克
牛奶……30克
熟黑芝麻……1大匙

黑芝麻糊……15克
低筋麵粉……56克
蛋白……3個份
細砂糖……48克
檸檬汁……數滴

烘焙

180度，上下火，
中下層，25分鐘

準備

- 黑芝麻糊或黑芝麻粉用少許熱水（配方以外）調勻。
- 低筋麵粉過篩。
- 將蛋白蛋黃分離後，蛋白冷凍至邊緣結薄冰。
- 牛奶加熱。

 製作步驟

1 在分離出的蛋黃中加入玉米油攪拌均勻（圖1）。
2 加入熱牛奶攪拌均勻（圖2）。
3 加入調好的黑芝麻糊攪拌均勻（圖3）。
4 篩入低筋麵粉攪拌均勻（圖4）。
5 加入黑芝麻拌勻，備用（圖5）。
6 取出略微冷凍的蛋白，加入少許檸檬汁，分3次加入細砂糖打發至乾性發泡（圖6）。
7 取1/3量的蛋白霜，用翻拌和切拌的手法與蛋黃糊混合均勻，再加入1/3蛋白霜混合（圖7）。
8 最後將蛋黃糊倒入剩餘蛋白霜中翻拌均勻，麵糊完成（圖8）。
9 將蛋糕糊從高處倒入模具中（圖9）。
10 雙手按住模具中空凸起的部分，將模具在工作檯上震幾下，使蛋糕糊分布均勻（圖10）。
11 把竹籤插在蛋糕糊中畫圈攪拌，消除大的氣泡，將調整好的蛋糕糊放入烤箱烘烤（圖11）。
12 出爐立即倒扣放涼後再脫模（圖12）。

有美好的乳酪香味，比起輕乳酪蛋糕更加綿軟膨鬆，口感清爽，是非常推薦的一款戚風蛋糕。

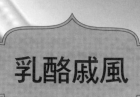

乳酪戚風

（17公分中空戚風）

 材料

A ┌ 奶油乳酪（Cream Cheese）
│ ……100克
└ 牛奶……100克

B ┌ 蛋黃……3個
│ 細砂糖（蛋黃用）……20克
└ 玉米油……40克

C ─ 低筋麵粉……80克

D ┌ 蛋白……4個份
│ 細砂糖（蛋白用）……50克
└ 檸檬汁……數滴

 烘焙

170度，上下火，中下層，40分鐘

 準備

• 奶油乳酪軟化備用。

• 低筋麵粉過篩。

• 蛋白蛋黃分離後，蛋白冷凍至邊緣結薄冰。

製作步驟

1 在將軟化的奶油乳酪用刮刀拌至滑順（圖1）。

2 少量多次加入牛奶攪拌均勻，每次都需攪拌到乳酪能完全將牛奶吸收且沒有顆粒（圖2）。

3 全部的牛奶與乳酪混合後，如果有小的乳酪顆粒沒有拌勻，就過篩一次（圖3）。

4 蛋黃加入細砂糖攪拌至略微發白（圖4～5）。

5 在蛋黃中加入玉米油攪拌均勻（圖6）。

6 將乳酪和牛奶混合物倒入蛋黃糊中攪拌均勻（圖7）。

7 篩入低筋麵粉攪拌均勻（圖8）。

8 完成的蛋黃糊滑順無顆粒（圖9）。

9 蛋白加少許檸檬汁，分3次加入細砂糖打發至近乾性發泡（圖10）。

10 取拳頭大小的蛋白霜，用手動打蛋器與蛋黃乳酪糊混合攪拌均勻（圖11）。

11 再取一半蛋白霜，用刮刀以翻拌的手法與蛋黃乳酪糊混合均勻（圖12）。

12 將上個步驟混合均勻的蛋黃乳酪糊倒回蛋白霜中，翻拌均勻（圖13）。

13 入模後震模2次，放入預熱的烤箱烘烤，出爐後立即倒扣放涼（圖14）。

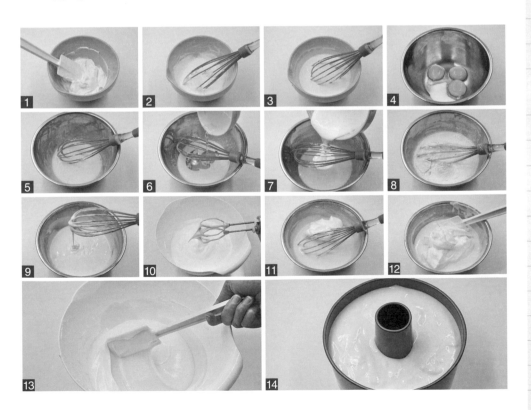

鬆軟細膩的蛋糕，內藏柔滑的香草奶油餡。如果在夏天，記得把奶油餡冷藏一下，嚐起來會像霜淇淋般清涼透心。

北海道戚風

（方形或圓形紙杯，7～10個）

 材料

雞蛋……2個

細砂糖……25克（蛋白用）

細砂糖……15克（蛋黃用）

牛奶……15克

玉米油……15克

低筋麵粉……17克

 烘焙

180度，上下火，中層，10分鐘後轉150度再烤10分鐘

 準備

• 將蛋黃、蛋白分開，分別放在2個無油無水的盆中。

• 牛奶加熱備用。

製作步驟

1 蛋黃加15克細砂糖攪拌均勻（圖1）。

2 加入玉米油攪拌均勻（圖2）。

3 加入溫熱的牛奶攪拌均勻（圖3）。

4 篩入低筋麵粉混合均勻（圖4～5）。

5 蛋白分2次加入細砂糖25克，打發至濕性發泡（圖6）。

6 分兩次將蛋白霜與蛋黃糊翻拌混合均勻（圖7）。

7 完成的蛋糕糊滑順細膩（圖8）。

8 麵糊裝入紙杯六分滿，放入烤箱前將紙杯在工作檯上震幾下，使麵糊分布均勻（圖9）。

9 蛋糕烘烤後會膨脹高出紙杯，出爐後很快就會回縮塌陷（圖10）。

10 用泡芙花嘴將香草奶油餡擠進蛋糕體內部，食用前可在表面篩上少許糖粉（圖11）。

＊「香草奶油餡」的製作方法見p.161。

tips

製作北海道戚風的要點在於，蛋白不要打發過度，濕性發泡即可。配方中的粉類材料比例很低，蛋白打發比較軟，因此出爐後的蛋糕會立即回縮塌陷，並且具有非常細膩柔軟的口感。塌陷的蛋糕內部在填入奶油餡後會變得飽滿起來。

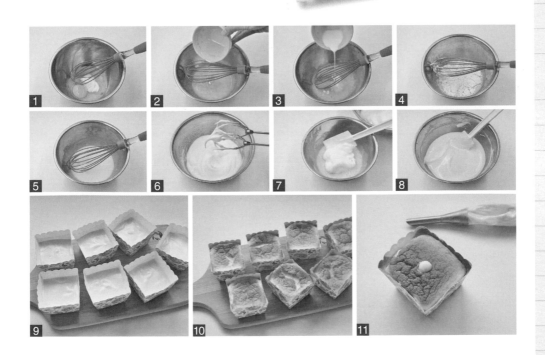

戚風
杯子蛋糕

（12連馬芬模）

tips

＊製作方法同「原味戚風」。
＊製作不回縮、不開裂的紙杯戚風，重點在於
　蛋白霜的打發程度，保持中低速打至八分發
　的蛋白霜，既穩定又能控制蛋糕適度膨脹。
＊麵糊入模八分滿，太滿也會使表面開裂。
＊出爐會感覺表皮略乾，放涼密封後會回軟。

 材料

蛋黃⋯⋯3個

沙拉油⋯⋯20克

水⋯⋯35克

低筋麵粉⋯⋯50克

蛋白⋯⋯3個份

細砂糖⋯⋯45克

檸檬汁⋯⋯少許

 烘焙

140度，上下火，中層，約50分鐘

part

4

海綿蛋糕

Sponge Cake

海綿蛋糕有著完全不同於戚風的口感,蓬鬆柔軟,蛋香濃郁。而製作方法、砂糖用量、全蛋打發狀態及攪拌手法的差異,都會對成品口味產生微妙的變化。

透過打發全蛋製作的海綿蛋糕,口感濕潤輕柔,分蛋法製作的海綿蛋糕則質地相對結實。在熟練基礎海綿蛋糕的製作方法後,就可以得心應手地在蛋糕中加入杏仁粉、巧克力等原料來變化口感。

1／製作海綿蛋糕使用的模具

使用普通圓模來製作海綿蛋糕,在模具內側襯一圈烘焙紙。另取一張烘焙紙剪成圓形,墊在模具底部。

2／全蛋打發

1. 將雞蛋打入較深的攪拌盆中,把攪拌盆浸入盛有熱水的盆中,持續小火隔水加熱,同時高速打發(圖1)。

2. 當蛋液打發至體積膨脹後,分3次加入細砂糖,繼續隔水加熱並維持高速打發(圖2)。

3. 當水溫達到約60度,蛋液溫度達到40度時,將打蛋盆移開熱水,繼續高速打發(圖3)。

4. 理想的全蛋打發狀態,是打蛋器挑起的蛋液泡沫豐富、質地黏稠,即使滴落泡沫也不會輕易消失(圖4)。

＊打發全蛋最好使用室溫的新鮮雞蛋,冷藏的雞蛋一定要提前恢復室溫後使用。

3／混合的手法

　　初學者將麵粉與打發蛋糕進行混合時，使用手動打蛋器會比刮刀更為省力，易於操作。手動打蛋器有密集的鐵絲可以穿過蛋糕，每一次翻拌都可以更大幅度地混合。具體的做法：用手動打蛋器從2點鐘方向往7點鐘方向緊貼盆底劃過，順勢翻轉手腕。將手動打蛋器提起，使蛋糊和麵粉透過鐵絲重新落入盆中，同時左手小幅度轉動打蛋盆。重複上述動作，翻拌至無乾粉顆粒為止。在操作熟練後，建議仍然使用刮刀進行混合，具體手法和使用手動打蛋器相同。刮刀刀面垂直於盆底，快速劃過並自然翻轉手腕，將刮刀上的麵糊落回攪拌碗中。如此重覆用力刮拌直至沒有乾粉顆粒。

4／加入液體

　　在前面的製作過程都沒有失誤的前提下，很多朋友會在最後一步加入液體材料時因為消泡而前功盡棄。這裡涉及到一個概念叫做「乳化」。簡單講，就是將水分和油分兩種不易融合的材料完全混合。這就需要將奶油加熱到攝氏55～90度，才能確保與牛奶等含有水分的原料完全混合。

　　如果最後一步加入的奶油低於這個溫度，就容易造成乳化不完全，使油脂游離於水分之外而發生「消泡」。

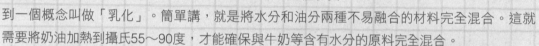

基礎海綿蛋糕

（18公分圓模）

材料

A ⎡ 雞蛋……3個
　　細砂糖……100克
　　水麥芽……5克
　　低筋麵粉……90克
B ⎡ 奶油……23克
　　牛奶……36克

烘焙

160度，上下火，中層，30分鐘

準備

• 模具底部和四周鋪好烘焙紙。
• 材料B的奶油和牛奶混合後微波或
　隔水加熱至奶油融化，保溫備用。

製作步驟

1 將全蛋加入細砂糖隔40度以上溫水略微攪拌，水麥芽加熱後倒入蛋液中（圖1）。

2 用電動打蛋器高速打發，待蛋液溫度達到40度時離火（圖2）。

3 將蛋液打發至滴落的蛋糊不會輕易消失的狀態（圖3）。

4 分2次篩入低筋麵粉（圖4）。

5 用手動打蛋器以翻拌的方式混合（圖5）。

6 全部低筋麵粉混合完成後，將溫熱的奶油和牛奶攪拌均勻，沿盆壁倒入麵糊中（圖6）。

7 用手動打蛋器略微翻拌後，改用刮刀將麵糊翻拌至滑順有光澤（圖7）。

8 入模後將模具在桌面震2次，置於預熱的烤箱中層烘烤（圖8）。

9 出爐後立即將模具從20公分高處摔放在桌面上，以震出底部高熱的氣體，將蛋糕倒扣在晾網上脫模（圖9）。

10 蛋糕冷卻至不燙手時，撕除四周烘焙紙（圖10）。

tips

*水麥芽也叫玉米糖漿，如果沒有，可以忽略。

*奶油和牛奶一定要保持略高的溫度，才易於和麵糊完全混合乳化。冷的奶油很容易造成油水分離。

*基礎海綿蛋糕放涼後以保鮮膜包好，可冷藏或冷凍，使用前回溫即可。

分蛋法可可海綿蛋糕 （18公分圓模）

 材料

A ┌ 全蛋……2個
　└ 細砂糖……73克

B ┌ 蛋白……1個份
　└ 細砂糖……25克

C ┌ 低筋麵粉……55克
　│ 可可粉……10克
　└ 鮮奶油……30克

烘焙

170度，上下火，中層，30分鐘

準備

- 模具底部和四周鋪好烘焙紙。
- 材料C的低筋麵粉和可可粉混合過篩。

製作步驟

1　將材料A的2個全蛋加細砂糖隔溫水打發（圖1）。

2　將材料B的蛋白分2次加入細砂糖，打發至乾性發泡（圖2）。

3　取1/2量的蛋白霜加入打發的全蛋糊中，翻拌均勻（圖3）。

4　將材料C的低筋麵粉和可可粉混合篩入蛋糊中（圖4）。

5　用刮刀（或手動打蛋器）翻拌均勻（圖5）。

6　加入剩餘的1/2蛋白霜翻拌均勻（圖6）。

7　將煮沸的鮮奶油沿盆壁倒入麵糊中，翻拌均勻（圖7）。

8　將完成的蛋糕糊入模，震模2次，放入預熱的烤箱烘烤，出爐後立即將模具從20公分高處摔放在桌面上，以震出底部高熱的氣體。將蛋糕倒扣在晾網上脫模，冷卻至不燙手時撕除烘焙紙（圖8）。

日式巧克力
海綿蛋糕

（12公分方形活動式蛋糕模）

 材料

A
- 雞蛋……2個
- 細砂糖……65克
- 檸檬汁……少許

B
- 低筋麵粉……43克
- 玉米粉……10克

C
- 牛奶……33克
- 奶油……23克
- 可可粉……13克
- 黑巧克力……13克

烘焙

170度，上下火，中層，30分鐘

 準備

- 模具鋪烘焙紙防沾黏。
- 將蛋白蛋黃分離後，分別置於無油無水的盆中。
- 低筋麵粉和玉米粉混合過篩。

這是一種全新的打發方式：先將蛋白打發後再混合蛋黃，以得到更穩定的全蛋液，解決了巧克力容易使蛋糊消泡的難題。濃郁的巧克力海綿蛋糕，簡單地塗抹一層酸甜的乳酪，用新鮮草莓和巧克力屑稍加裝飾，簡單樸素又美味，帶著她一起去聚會吧！

 製作步驟

1　將牛奶、奶油、黑巧克力隔水加熱，不停攪拌至巧克力融化（圖1～2）。

2　篩入可可粉攪拌均勻，保溫備用（圖3～4）。

3　蛋白略微打至粗泡，加1小匙檸檬汁，高速打發（圖5）。

4　分3次加入細砂糖，將蛋白打發至乾性發泡（圖6）。

5　將蛋黃加入打發的蛋白中（圖7）。

6　繼續打發至蛋黃與蛋白霜混合均勻，蛋液滴落的紋路有非常明顯的堆積感（圖8）。

7　一次篩入全部的低筋麵粉和玉米粉混合物（圖9）。

8　用刮刀或手動打蛋器翻拌均勻至無乾粉狀態，動作輕柔快速，不要劃圈以免消泡（圖10）。

9　將微溫的巧克力和奶油牛奶混合物倒在麵糊表面（圖11）。

10　以手動打蛋器翻拌混合均勻（圖12～13）。

11　將麵糊從高處倒入模具中，輕叩檯面3～5次震出多餘氣泡，放入已預熱的烤箱烘烤（圖14）。

12　出爐後倒扣蛋糕脫模，撕除底部烘焙紙，翻轉過來在晾網上放涼後密封一晚，第二天蛋糕會更濕潤（圖15）。

裝飾

1　利用模具將蛋糕表面修飾平整（圖16）。

2　切去蛋糕四周不整齊的部分（圖17）。

3　將奶油乳酪餡用小刀隨意塗抹在蛋糕表面（奶油乳酪餡參照p.225屋比派夾餡的做法）（圖18）。

4　裝飾切塊的草莓和白巧克力碎屑（草莓一定要洗淨，拭乾水分；白巧克力可以用小湯匙或蔬果削皮刀刮出碎屑，用湯匙撒在蛋糕表面。不要用手碰，巧克力屑很容易融化）（圖19）。

tips

＊不要減少糖量。海綿蛋糕中的糖分具有保濕作用，因為加入了可可粉和巧克力，會平衡糖的甜度，所以味道不會太甜。

＊步驟2混合好的巧克力奶油液體，一定要保持在大約40度的微溫狀態，使用前務必再次攪拌均勻。

手指餅乾

手指餅乾是製作提拉米蘇的圍邊和夾層，以及很多慕斯蛋糕底的必備材料。標準的手指餅乾應該外表飽滿，內部酥鬆，口感酥脆，這樣在用於製作提拉米蘇夾層時，才能充分吸收咖啡糖酒液。

從配方來看，僅僅用到三種最基本的原料：雞蛋、麵粉、糖。但是外表樸素的手指餅乾，製作起來卻比曲奇還要有難度。如果能把它做好，說明你的海綿蛋糕這一課已經可以過關了。手指餅乾是分蛋海綿的做法，不同之處就是它沒有用到液體材料和油脂類，所以呈現出餅乾般入口即化的酥脆口感，非常適合年幼的小朋友食用。

材料

雞蛋……2個
低筋麵粉……60克
細砂糖……20克（用於蛋黃）
細砂糖……40克（用於蛋白）

烘焙

190度，上下火，10分鐘

準備

- 在拋棄式塑膠裱花袋內裝入一枚中號圓型花嘴，用長嘴夾夾住底部，將裱花袋套在杯子上。
- 將蛋黃和蛋白分離，分別盛放在兩個無油無水的攪拌碗裡。

製作步驟

1 蛋黃中加入20克細砂糖，攪拌均勻至細砂糖融化（圖1～2）。

2 蛋白略微打至粗泡時加入一半量的細砂糖（圖3）。

3 繼續高速打發蛋白，當提起攪拌頭，拉起的蛋白霜呈軟性彎鉤狀時，加入剩餘細砂糖（圖4～5）。

4 將蛋白霜打至乾性發泡（蛋白霜可以拉起短小的尖角）（圖6）。

5 取拳頭大小的蛋白霜與蛋黃糊混合，用手動打蛋器攪拌即可。不用擔心這部分的蛋白霜消泡，它主要是用來稀釋蛋黃糊，使其質地更接近蛋白霜，方便下一步的混合（圖7～8）。

6 取1/2量的蛋白霜與蛋黃糊混合（圖9～10）。

7 將混合好的蛋黃糊倒入剩餘的蛋白霜中，再次混合均勻（圖11～12）。

8 完成的蛋糕應該質地均勻，沒有蛋白結塊，泡沫飽滿穩定，如此才能繼續後面的操作（圖13）。

9 將低筋麵粉分2次篩入打發的蛋糕中，混合均勻至無乾粉顆粒（圖14～17）。

10 完成的麵糊裝入準備好的裱花袋，左手托住底部，右手握緊上部，鬆開長嘴夾，傾斜45度在烤盤上擠出長短一致粗細均勻的長條形麵糊。注意麵糊之間要留至少1.5公分的間隙，以免烘烤膨脹後沾黏在一起（圖18）。

11 在完成的餅乾麵糰表面撒糖粉，如果想做出更酥脆的糖皮，可靜置1～2分鐘，再撒一次糖粉後放入烤箱烘烤（圖19）。

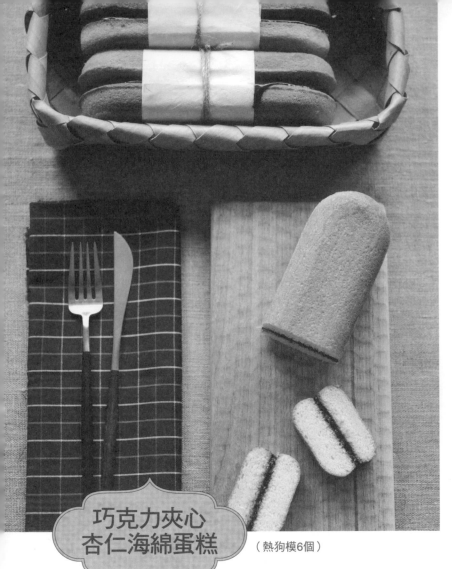

在熟練掌握海綿蛋糕製作的基礎上，可以嘗試不同的變化。這款蛋糕在普通海綿的基礎上加入大量杏仁粉，並用巧克力甘納許製做夾層，使蛋糕呈現濃郁豐富的口感。

巧克力夾心 杏仁海綿蛋糕

（熱狗模6個）

 材料

A [雞蛋……3個
　　細砂糖……90克]

B [低筋麵粉……60克
　　杏仁粉……60克]

C [奶油……40克
　　熱水……20毫升]

　　苦甜巧克力……50克
　　鮮奶油……50克

烘焙

180度，上下火，中層12～15分鐘

 準備

- 材料B的低筋麵粉、杏仁粉分別過篩，備用。
- 將材料C的奶油微波或隔水加熱至融化，保溫備用。
- 熱狗模內壁塗上奶油後冷藏，備用。

製作步驟

1 將全蛋加入細砂糖隔溫水打發（圖1）。

2 打發的全蛋糊應該細膩滑順，滴落的蛋液不會立即消失（圖2）。

3 將熱水淋入打發的全蛋糊中攪拌均勻（圖3）。

4 將材料B的低筋麵粉篩入打發的全蛋中（圖4）。

5 用手動打蛋器翻拌均勻（圖5）。

6 將材料B的杏仁粉篩入蛋糊中，仍然以手動打蛋器翻拌均勻（圖6～7）。

7 將融化的奶油用小湯匙淋在麵糊表面，以手動打蛋器翻拌均勻（圖8）。

8 完成的蛋糕糊入模八分滿，將模具在桌面輕叩以震出內部氣泡，放入預熱的烤箱（圖9）。

9 利用蛋糕烤製的時間來製作巧克力夾心，將鮮奶油加熱到即將沸騰，大約分10次一點點地倒入切碎的巧克力中，直至巧克力完全融化並呈滑順狀（圖10～11）。

10 蛋糕出爐後倒扣脫模放涼，將巧克力甘納許（涼至半凝固狀態時較好操作）用小抹刀在蛋糕上輕輕抹平，蓋上另一片蛋糕片即可（圖12）。

tips

＊雖然只是在全蛋海綿做法的基礎上加了杏仁粉，但由於杏仁粉含油量很大，所以操作起來並不簡單，手法必須非常熟練，輕柔快速地混合才是關鍵。用手動打蛋器代替刮刀會更方便操作。

＊可以將此配方換用各種小型紙杯來製作，烘烤溫度不變，調整時間即可。

＊製作巧克力甘納許時，切不可將滾燙的鮮奶油一次倒入巧克力中，一定要少量多次地加入才有利於完全乳化。

濃郁的黑巧克力海綿蛋糕，加上如雪花般輕盈的奶油霜，搭配出簡約又極具北歐風情的浪漫格調。

斯堪地那維亞蛋糕

（25×35公分長方形烤盤）

 材料

黑巧克力海綿蛋糕原料

黑巧克力……80克
鮮奶油……45克
蛋白……160克
細砂糖……70克
低筋麵粉……45克

鮮奶油霜

奶油……100克
糖粉……30克
鮮奶油……150克

 烘焙

150度，上下火，中層，30分鐘

 準備

● 黑巧克力切塊。

 製作步驟

1 黑巧克力隔水融化（圖1）。
2 鮮奶油加熱到即將沸騰後，大約分10次加入黑巧克力中，每次都要攪拌至完全吸收（圖2）。
3 全部鮮奶油加入後攪拌至出現滑順的光澤感（圖3）。
4 將蛋白分3次加入細砂糖，以中速打發至濕性偏乾性發泡（圖4）。
5 取一半量打發的蛋白霜與巧克力糊翻拌均勻（圖5～6）。
6 篩入低筋麵粉翻拌均勻（圖7～8）。

7 將剩餘蛋白霜分3次與巧克力麵糊混合均勻（圖9）。

8 完成的蛋糕糊從高處倒入鋪了烘焙紙（或不沾黏的烘焙墊）的烤盤，抹平表面使厚薄均勻，在桌面上震出大氣泡，放入烤箱烘烤。烤好的蛋糕片出爐後立即摔在桌面上震出內部熱氣，置於晾網上冷卻至不燙手（圖10）。

9 將蛋糕片四周用脫模刀劃一圈，倒扣在一片乾淨的烘焙紙上，撕下底部不沾黏的烘焙墊（注意，如果此時不繼續操作，將撕下的烘焙墊仍然蓋回蛋糕表面以免變乾）（圖11）。

10 利用等待蛋糕片冷卻的時間來製作奶油霜，奶油軟化後加入糖粉攪拌至滑順（圖12～13）。

11 鮮奶油（常溫）逐次加入打發的奶油中，攪拌至完全吸收的滑順狀態（圖14～15）。

12 組合：蛋糕片縱向切成均等的4片，薄薄地抹上一層奶油霜（圖16）。

13 一片片疊起來，最上面的一層可用湯匙背面簡單抹出自然的紋理（圖17）。

tips

＊鮮奶油霜切不可用冷藏的鮮奶油，恢復到室溫或用微波爐略微加熱一下，才能輕易被奶油吸收。

＊裝飾好的蛋糕冷藏定型，把四周不規則的部分切去。可將蛋糕刀浸泡熱水加溫，用濕毛巾稍微擦乾來切，可以得到完美的切面。注意，每切一刀都要把刀身擦乾淨並重新加熱。

＊鮮奶油霜對溫度格外敏感，冷藏後的奶油會變硬，略微恢復室溫後即可回軟。奶油霜浸潤了海綿蛋糕體，使風味融合達到極致。

維也納榴槤奶油蛋糕

（28×28公分正方形烤盤）

有著濃郁奶油風味的維也納海綿蛋糕，較普通海綿蛋糕有著完全不同的風味，而奶油霜中加入的大量榴槤果肉更是蛋糕整體風味的重點。

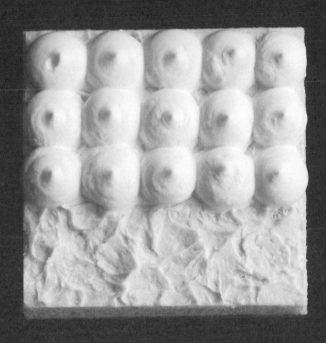

材料

維也納海綿蛋糕

全蛋……100克

蛋黃……50克

細砂糖……80克

低筋麵粉……55克

奶油……28克

榴槤奶油霜

蛋黃……18克

水……15克

砂糖……45克

奶油……90克

榴槤果泥……90克

烘焙

180度，上下火

中層，15分鐘

準備

- 烤盤墊烘焙紙。
- 蛋糕片使用的奶油隔水或微波加熱融化並保溫。
- 奶油霜使用的奶油軟化。
- 榴槤果肉用食物調理機打成細膩的果泥。

製作步驟

1　全蛋、蛋黃和細砂糖一邊隔水加熱一邊攪拌至大約40度時離火，持續打發至滴落的蛋糊不會輕易消失的狀態（圖1）。

2　分2次篩入低筋麵粉，用手動打蛋器以翻拌的手法混合均勻（圖2～4）。

3　將熱的融化奶油加入麵糊中翻拌均勻（圖5～6）。

4 完成的麵糊從高處倒入墊烘焙紙的烤盤中，抹平表面，放入預熱的烤箱烘烤（圖7）。

5 蛋糕出爐後從高處摔向檯面，震出底部熱氣，順勢拉著墊紙，將蛋糕片移到晾網上，撕開四周烘焙紙散熱（圖8）。

6 待蛋糕溫熱時將其倒扣在另一張乾淨的烘焙紙上，將底部烘焙紙撕除（圖9）。

7 再次反轉蛋糕片，使正面朝上。將焦色表皮去除，使蛋糕片兩面烤色一致（圖10）。

8 將蛋糕橫向縱向各切一刀，切出4片邊長約14公分的方形蛋糕片（圖11）。

9 將水和砂糖加熱至118度（圖12）。

10 蛋黃攪拌均勻後，將熱的糖漿一邊淋入蛋黃，一邊高速打發（圖13）。

11 淋了糖漿的蛋黃隔水加熱至82度，並持續打發至滑順濃稠（圖14）。

12 奶油軟化後打發至滑順（圖15）。

13 依次加入蛋黃糊和榴槤果泥並攪拌均勻（圖16～18）。

14 用刮刀將奶油霜翻拌以去除內部大的氣泡，使其滑順細膩（圖19）。

15 按照一片蛋糕、一層榴槤奶油霜的順序，將4片蛋糕片層層疊起，表面的榴槤奶油霜抹平後，可用小湯匙隨意抹出紋路，再以圓形裱花嘴裝飾少許打發的鮮奶油即可（圖20）。

海綿
杯子蛋糕

製作方法同「基礎海綿蛋糕」，製作好的杯子蛋糕可以簡單地用打發鮮奶油加以裝飾。

（12連模）

材料

A
雞蛋……3個
細砂糖……90克
低筋麵粉……90克

B
奶油……25克
牛奶……40克

烘焙

190度，上下火，中層，20～25分鐘

準備

- 12連馬芬模墊紙杯備用。
- 材料B奶油和牛奶混合微波或隔水加熱至奶油融化，保溫備用。

part

5

磅蛋糕
Pound Cake

磅蛋糕即基本原料為奶油、糖、雞蛋、麵粉四
種材料相同比例的蛋糕，它風味濃郁口感綿甜、
鬆軟輕盈卻又不失彈性。在配方的基礎上略微調
整原料比例及添加不同風味的食材，即可變化出
各種口味。

基礎款也是最經典的磅蛋糕,加入天然香草籽,冷藏後風味更顯濃郁。

香草磅蛋糕

 材料

奶油……100克
糖粉……100克
香草豆莢……1/4枝
全蛋……84克
低筋麵粉……100克
泡打粉……0.75克

糖漿
清水……50克
砂糖……10克
蛋糕體使用的香草去籽後剩餘的豆莢

 烘焙

180度,上下火,中層,35分鐘

 準備

- 低筋麵粉泡打粉過篩2次,備用。
- 奶油軟化。
- 雞蛋恢復室溫打散。

製作步驟

1 將香草豆莢縱向剖開，用刀尖取出香草籽（圖1）。

2 用刮刀以按壓的方式將軟化的奶油和香草籽及糖粉粗略混合（圖2）。

3 用電動打蛋器將奶油打發至顏色發白體積膨鬆（圖3）。

4 分5～6次加入打散的全蛋液，每次都要攪拌至完全吸收再加入下一次的量（圖4）。

5 全部蛋液完全被奶油吸收後，奶油呈滑順的奶油狀（圖5）。

6 一次篩入全部過篩的低筋麵粉和泡打粉混合物（圖6）。

7 右手持刮刀，在2點鐘位置切入，沿盆底滑至8點鐘位置時，將滿載奶油糊的刮刀提起，翻轉將刮刀上從底部撈起的奶油糊甩落在表面，同時以左手轉動攪拌盆，重複此步驟（圖7～8）。

8 翻拌80次以上，麵糊呈現滑順無顆粒的光澤感（圖9）。

9 麵糊入模六七分滿即可，用刮刀將麵糊表面抹平，兩端要高出一些，這樣膨脹後才會整齊，放入預熱烤箱的中層烘烤（圖10）。

10 烤蛋糕的時候來製作糖漿，將水、砂糖和製作蛋糕時取出了香草籽的豆莢一同煮沸，小火熬煮至體積只有原來1/3的量，做出稍微濃稠的糖漿（圖11）。

11 蛋糕出爐後稍微冷卻一下，在表面刷上糖漿，待不燙手時脫模放至微溫，包上保鮮膜冷藏一晚（圖12）。

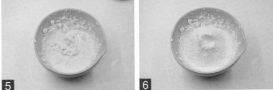

這是一款最「有料」的蛋糕，你喜歡
的果乾都在這裡了，還不趕快開動！

核桃果乾磅蛋糕

tips

＊這款蛋糕富含各種果乾，應冷藏三天至一週後食用，風味更佳。

材料

奶油……90克
糖粉……90克
全蛋……75克
低筋麵粉……90克
泡打粉……1克
蔓越莓……18克
杏桃乾……18克
西梅……18克
糖漬橙皮……30克
葡萄乾……60克
核桃……30克

烘焙

180度，上下火，中層，45～50分鐘

準備

● 低筋麵粉泡打粉過篩2次，備用。
● 奶油軟化。
● 雞蛋恢復室溫打散。
● 所有果乾溫水浸泡20分鐘，吸乾水分後切小塊。
● 核桃入烤箱，155度12分鐘烤出香味，放涼切小塊。

製作步驟

1 軟化的奶油加入糖粉，用刮刀拌勻（圖1）。

2 將奶油打發至顏色發白、體積膨鬆（圖2）。

3 分5～6次加入打散的全蛋液，每次都要攪拌至完全吸收再加入下一次的量（圖3～4）。

4 一次篩入過篩後的低筋麵粉和泡打粉，用刮刀混合翻拌至有光澤（圖5～6）。

5 將所有處理過的果乾和核桃加入麵糊拌勻（圖7～8）。

6 麵糊入模六七分滿即可，入模後用刮刀將麵糊表面抹平，兩端要高出一些，這樣膨脹後才會整齊，放入已預熱的烤箱中層烘烤（圖9）。

抹茶奶酥
磅蛋糕

酥脆的抹茶奶酥提升了蛋糕的濃厚滋味。

材料

奶油……50克

糖粉……50克

雞蛋……1個

抹茶粉……3.5克

低筋麵粉……47克

泡打粉……0.7克

奶酥原料

抹茶粉……1.5克

低筋麵粉……7克

杏仁粉……7克

細砂糖……7克

奶油……10克

烘焙

170度，上下火，中層，25～30分鐘

準備

- 抹茶粉過篩後與低筋麵粉和泡打粉混合過篩2次，備用。
- 蛋糕用奶油軟化，奶酥用奶油切小塊冷凍。
- 雞蛋恢復室溫打散。

製作步驟

1 先製作奶酥。將奶酥原料中除奶油外的所有材料混合篩入食物調理機，加入切塊冷凍的奶油（圖1）。

2 開機攪拌至顆粒狀，冷藏備用（如果沒有食物調理機，用雙手快速搓揉也可以）（圖2）。

3 製作蛋糕體，將軟化奶油加糖粉拌勻後打發（圖3）。

4 分4次加入打散的全蛋液，每次都要攪拌至完全吸收（圖4）。

5 加入過篩的粉類（圖5）。

6 改為用刮刀翻拌均勻，大約需要90次（圖6）。

7 入模後用刮刀抹平表面，將冷藏的奶酥撒在表面，放入烤箱烘烤（圖7）。

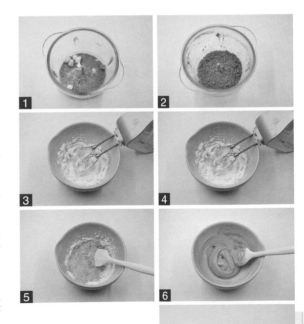

抹茶可可磅蛋糕

這款蛋糕有微苦的抹茶、甜軟的紅豆、醇香的可可,
非常搭的三種口味。

 材料

奶油……100克

糖粉……100克

雞蛋……100克

蜜紅豆……35克

A ⎡ 低筋麵粉……47克
⎣ 抹茶粉……3克

B ⎡ 低筋麵粉……42克
⎣ 可可粉……11克

糖漿 ⎡ 水……20克
⎣ 糖……6克

 烘焙

180度,上下火,中層,35～40分鐘

 準備

● 模具墊烘焙紙。

● 材料A中的抹茶粉過篩1次,和低筋麵粉混合
再過篩2次,材料B過篩2次,備用。

● 奶油軟化。

● 雞蛋恢復室溫打散。

製作步驟

1 軟化的奶油分3次加入糖粉攪拌（圖1）。

2 將奶油打發至顏色發白、體積膨鬆的羽毛狀（圖2）。

3 少量多次地加入打散的全蛋液，每次都攪拌至完全吸收（圖3）。

4 蛋液全部混合後，應該呈完全乳化的細膩滑順狀，沒有油水分離（圖4）。

5 將打發的奶油分成兩等份（圖5）。

6 在其中的一份奶油中篩入材料A的抹茶粉和低筋麵粉，用刮刀拌勻，加入蜜紅豆（圖6～8）。

7 在另一份奶油中篩入材料B的可可粉和低筋麵粉，用刮刀拌勻（圖9～10）。

8 完成2份麵糊（圖11）。

9 將抹茶麵糊盛入模具中，不需要抹平，自然地堆積起來。將模具在桌面震動以填滿空隙（圖12）。

10 將可可麵糊盛在抹茶麵糊上，用湯匙背面抹平，表面噴水後放入烤箱烘烤（圖13）。

11 在烘烤大約15分鐘待麵糊結皮時，取出用刀子在表面劃一道切口，繼續放入烤箱烘烤至熟（圖14）。

12 烘烤完成後取出模具，在晾網上晾至微溫（圖15）。

13 連同墊紙一同取出，將糖漿原料的水和砂糖混合煮沸，用毛刷刷在蛋糕表面，待其徹底涼透，包上保鮮膜後冷藏一晚（圖16）。

鹽之花巧克力磅蛋糕

（14.5×8×7.5公分長方形模具）

 材料

A ├ 黑巧克力（65%～70%）……80克
　 └ 鹽之花……1克

B ├ 奶油……95克
　 ├ 雞蛋……2個
　 └ 細砂糖……95克

C ├ 低筋麵粉……80克
　 ├ 可可粉……20克
　 └ 泡打粉……2.5克

 烘焙

180度，上下火，中層，50分鐘

 準備

- 模具墊烘焙紙備用。
- 材料C的所有粉類預先過篩2次。

tips

＊鹽之花是產自法國布列塔尼的海鹽，帶有獨特的香味。鹽之花巧克力塊可根據個人喜好切成小顆粒或大的塊狀。

製作步驟

1　材料A的黑巧克力隔40度左右的溫水加熱至融化（圖1）。

2　將融化的巧克力攪拌至滑順，加入1克鹽之花略微攪拌（圖2）。

3　將巧克力倒入鋪了保鮮膜的容器中，冷藏至凝固（圖3）。

4　取出凝固的巧克力切塊，備用（圖4）。

5　將材料B軟化的奶油、雞蛋和細砂糖全部倒入食物調理機中（圖5）。

6　用食物調理機攪拌至完全乳化的狀態（圖6）。

7　將奶油雞蛋糊倒入攪拌盆中（圖7）。

8　篩入材料C混合過篩的粉類（圖8）。

9　攪拌至無乾粉顆粒的均勻狀態，加入巧克力塊拌勻（圖9～10）。

10　將麵糊盛入鋪好烘焙紙的模具內略微抹平表面後，放入烤箱烘烤，出爐後脫模放涼，保鮮膜包好冷藏一晚（圖11）。

百香果磅蛋糕

加入自己熬製的百香果醬，香氣濃郁。

材料

奶油……100克

糖粉……50克

全蛋……100克

香草精……適量

百香果醬……90克

低筋麵粉……100克

泡打粉……3克

烘焙

170度，上下火，中層，35～40分鐘（視模具大小調整）

準備

● 低筋麵粉泡打粉過篩2次，備用。

● 奶油軟化。

● 雞蛋恢復室溫打散。

製作步驟

1 軟化的奶油略微攪拌，加入糖粉打發至膨鬆發白（圖1）。

2 分4～5次加入打散的蛋液，每次都要攪拌至完全吸收（圖2）。

3 加入百香果醬和少許香草精攪拌均勻（圖3）。

4 將低筋麵粉和泡打粉混合篩入打發的奶油中（圖4）。

5 用刮刀充分混合至均勻有光澤（圖5）。

6 入模後抹平表面送入烤箱（圖6）。

百香果果醬

材料

百香果肉……1公斤　　檸檬……1個

砂糖……600克

＊將百香果對半切開，取果肉，連同砂糖和1個檸檬的果汁熬煮至濃稠（製作方法同草莓果醬，參見p.246）。

黑糖棗泥磅蛋糕

 材料

奶油……100克

黑糖……100克

雞蛋……2個

棗泥……80克

低筋麵粉……125克

泡打粉……1.5克

 烘焙

170度，上下火，中層，35～40分鐘

（視模具大小調整）

 準備

● 低筋麵粉泡打粉過篩2次，備用。

● 奶油軟化。

● 雞蛋恢復室溫打散。

* 「棗泥」的製作方法見p.102。

傳統的黑糖、棗泥不僅使蛋糕
口感變得柔和，也散發出一種
濃濃的奶香。

製作步驟

1 軟化的奶油略微攪拌（圖1）。

2 加入黑糖攪拌至均勻滑順（圖2）。

3 分5～6次加入打散的全蛋液，每次都要攪拌至完全吸收，再加入下一次的量（圖3）。

4 加入棗泥攪拌均勻（圖4）。

5 將低筋麵粉和泡打粉混合，篩入打發的奶油中（圖5）。

6 用刮刀混合成均勻的麵糊（圖6）。

7 麵糊入模六七分滿即可，入模後用刮刀將麵糊表面抹平，兩端要高出一些，這樣膨脹後才會整齊，放入預熱的烤箱中層烘烤（圖7）。

甜薑磅蛋糕

（長21公分、寬5.5公分、高6.7公分，長條活動式磅蛋糕模）

 材料

雞蛋……1個

細砂糖……60克

奶油……60克

低筋麵粉……60克

糖煮甜薑……35克

黑白芝麻各適量

 烘焙

180度，上下火，中層，35～40分鐘

 準備

● 奶油融化保溫。

＊「糖煮甜薑」的製作方法見p.103。

 製作步驟

1 甜薑切碎（圖1）。

2 將1個大型雞蛋的蛋黃和蛋白分離（圖2）。

3 蛋白分3次加入細砂糖打發至乾性發泡（圖3）。

4 加入蛋黃（圖4）。

5 繼續用電動打蛋器攪拌至蛋黃與蛋白霜充分融合，形成穩定的全蛋糊（圖5）。

6 將融化的溫熱奶油倒進蛋糊中（圖6）。

7 繼續用電動打蛋器混合均勻（圖7）。

8 篩入低筋麵粉，用手動打蛋器翻拌均勻（圖8）。

9 加入切碎的甜薑混合均勻（圖9）。

10 完成的麵糊非常穩定（圖10）。

11 將麵糊入模後抹平表面（圖11）。

12 將黑白芝麻均勻地撒在麵糊上，放入預熱的烤箱烘烤（圖12）。

自製棗泥

自製棗泥健康又美味,可以用來製作蛋糕或麵包的夾餡,紅棗的味道非常突出。

製作步驟

1　將紅棗洗淨泡軟,去核(圖1～2)。
2　加水煮透(圖3)。
3　將煮透的紅棗瀝乾,用食物調理機打成泥(圖4)。
4　將棗泥倒入鍋中,以中火不停翻炒至濃稠(不要使用鐵鍋,如果使用的非不沾鍋,可以加少許奶油防止沾黏)(圖5)。

＊在這裡不使用任何糖和油脂,只取紅棗天然的香味和甜度,最後的炒製時間視需要的濃稠程度進行調整。

糖煮甜薑

煮好的甜薑可以用來切碎製作蛋糕，甜薑水可以用來搭配紅茶、蘇打水。

材料

嫩薑……300克
砂糖……250克
水……450克

製作步驟

1　嫩薑洗淨去皮，切成厚片（圖1）。
2　砂糖加水煮沸後加入薑片，大火煮沸，轉中火煮至濃稠即可（圖2）。

＊煮好的甜薑趁熱裝入煮過消毒的瓶中，放涼後冷藏保存。

可可甜杏
磅蛋糕

沙拉油版全蛋打發法磅蛋糕,以濃郁的
可可搭配酸甜的杏桃。

104

材料

A
- 雞蛋……2個
- 紅糖……80克
- 沙拉油……50克
- 牛奶……100克

B
- 低筋麵粉……60克
- 可可粉……40克
- 杏仁粉……20克
- 泡打粉……4克

C — 杏桃乾……12顆

烘焙

180度，上下火，
中層，35分鐘

準備

- 材料B的粉類混合過篩。
- 杏桃乾用冷開水浸泡一夜。

製作步驟

1. 將浸泡過的杏桃乾對半切開，去核後用廚房紙巾拭乾水分（圖1）。

2. 2個雞蛋加紅糖，以電動攪拌器攪拌至濃稠滑順（圖2）。

3. 加入沙拉油低速混合，注意油脂會沉入盆底，一定要徹底混合均勻（圖3）。

4. 加入牛奶，繼續以低速混合（圖4）。

5. 將材料B的粉類篩入打發蛋液中，用手動打蛋器略微混合（圖5）。

6. 加入瀝乾的杏桃乾，用刮刀拌勻入模烘烤（圖6～7）。

巧克力 杯子蛋糕

 材料

A
- 奶油……35克
- 糖粉……20克
- 蛋黃……1個
- 巧克力……30克

B
- 低筋麵粉……15克
- 可可粉……5克
- 杏仁粉……20克

C
- 蛋白……1個份
- 細砂糖……20克

D — 巧克力……10克

 烘焙

160度，上下火，中層，20分鐘

 準備

- 奶油軟化。
- 材料B的粉類混合過篩。
- 材料D的巧克力切碎。
- 蛋黃蛋白分離。

* 以下兩款蛋糕均以磅蛋糕的方法製作成杯子蛋糕，也可改用長條模具來製作。

製作步驟

1 材料A的黑巧克力切塊，隔約40度溫水融化，備用（圖1）。

2 軟化的奶油加入糖粉，用刮刀拌勻（圖2）。

3 將奶油打發至膨鬆發白（圖3）。

4 加入1個蛋黃攪拌至完全吸收（圖4）。

5 將溫熱的黑巧克力加入奶油中，攪拌均勻（圖5～6）。

6 材料C的蛋白分2次加入細砂糖，打發至濕性偏乾性發泡（圖7）。

7 取1/3量的打發蛋白霜與奶油巧克力糊混合均勻（圖8）。

8 一次篩入材料B的粉類（圖9）。

9 將粉類與奶油巧克力糊翻拌均勻（圖10）。

10 將麵糊倒入剩餘蛋白霜中翻拌均勻（圖11）。

11 加入材料D的巧克力碎片混合（圖12）。

12 將麵糊裝入裱花袋，無需花嘴。把袋口剪開後擠進模具九分或滿模，放入預熱的烤箱烘烤，出爐後脫模，置晾網上放涼（圖13）。

裝飾

巧克力奶油霜。將40克黑巧克力隔約50度溫水融化，待其降溫後加入125克瑞士奶油霜（製作方法見p.110）中混合均勻，用大型圓形裱花嘴擠出圓球狀奶油霜，在表面撒巧克力碎片。

抹茶奶油
杯子蛋糕

（直徑4.5公分蛋糕，16個）

材料

奶油……50克

糖粉……50克

雞蛋……1個

低筋麵粉……70克

牛奶……50克

香草精……少許

鹽……少許

 烘焙

170度，上下火，中層，20分鐘

 準備

● 奶油軟化。

● 低筋麵粉過篩。

● 雞蛋和牛奶恢復室溫。

 製作步驟

1 奶油軟化後加入糖粉和少許鹽，用刮刀拌勻（圖1）。

2 用打蛋器將奶油打發至體積膨鬆（圖2）。

3 將雞蛋打散後，少量多次地加入打發的奶油中，每次都攪拌至完全吸收，再加入下一次的量（圖3）。

4 加入少許香草精攪拌均勻（圖4）。

5 一次將全部的低筋麵粉篩入奶油中（圖5）。

6 先用攪拌頭略微拌一下，再中速攪拌至滑順均勻（圖6）。

7 加入牛奶（圖7）。

8 繼續攪拌至牛奶吸收，成為均勻細滑的麵糊（圖8）。

9 直接將麵糊裝入裱花袋，袋口剪開。將麵糊入模九分或滿模，入已預熱的烤箱烘烤成熟後，脫模放涼（圖9）。

裝飾

瑞士奶油霜（製作方法見p.110）125克中篩入約5克的抹茶粉，攪拌均勻，用蒙布朗花嘴擠出紋路，裝飾蜜紅豆。

瑞士奶油霜

材料

蛋白……1個份
細砂糖……30克
奶油……85克

製作步驟

1 奶油軟化，攪拌至滑順，備用（圖1）。

2 蛋白加細砂糖隔水中小火加熱，攪拌
至溫度達65度（圖2）。

3 離火後立即以高速將蛋白打發至溫度降至室溫，蛋白霜非
常堅挺的程度（圖3）。

4 少量多次地加入奶油，每次都攪拌至完全吸收（圖4）。

5 中途會出現類似油水分離的狀態，不要擔心，繼續攪拌
（圖5）。

6 攪拌至奶油霜質地細膩滑順（圖6）。

7 加少許香草精，攪拌均勻後即可使用（圖7）。

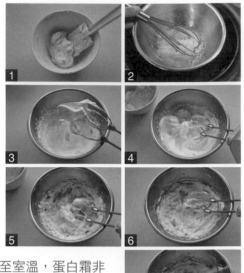

製作磅蛋糕需要注意的重點：

＊奶油軟化、打發和加入液體，參考本書「曲奇製作」的要領。

＊篩入麵粉後以翻拌手法混合，可保留奶油中裹入的空氣，使成品膨鬆細膩。具體手法：
右手持刮刀，在2點鐘位置入刀，劃過盆底滑至8點鐘位置，將滿載奶油糊的刮刀提起，
翻轉，把從底部撈起的奶油糊甩落在表面，同時左手轉動攪拌盆。重複此步驟，翻拌
80～100次，待麵糊呈現光澤感時即可入模。攪拌的手法不正確會使麵粉出筋影響口味；
攪拌不足，烘焙時蛋糕會塌陷且組織粗糙。參考本書p.86「香草磅蛋糕」製作方法。

＊根據磅蛋糕種類不同，用保鮮膜密封可冷藏保存一週甚至三週。食用前提前取出，恢復
室溫後切片即可。

＊有的磅蛋糕配方中會加入少量泡打粉，是為了蛋糕組織更加膨鬆。如介意可忽略，完全
憑藉奶油打發來做出鬆軟口感。

＊在奶油選用方面，使用發酵奶油風味更佳。

＊如果不是使用不沾模具，在裝入麵糊前一定要先墊烘焙紙。

＊烤製過程中，麵糊表面結皮時可用刀尖縱向劃開，防止蛋糕表面不規則開裂。

part

6

馬芬蛋糕

Muffin

馬芬應該是最容易製作的小蛋糕了，無須打發奶油或雞蛋，以泡打粉或小蘇打粉來使蛋糕膨脹，而製作過程也僅僅是將乾濕材料混合即可，這裡使用的油脂多為液態植物油或奶油。製作馬芬需要注意的是：一定要將粉類和泡打粉混合過篩，以確保泡打粉均勻分布；乾濕材料混合時切忌過度攪拌，麵糊略顯粗糙時即可裝模烘烤，過度攪拌會使麵粉起筋影響口感。馬芬蛋糕可以隨心所欲地變化食材來製作，常溫下大約可保存三天，帶有奶油霜等裝飾的蛋糕則必須冷藏。

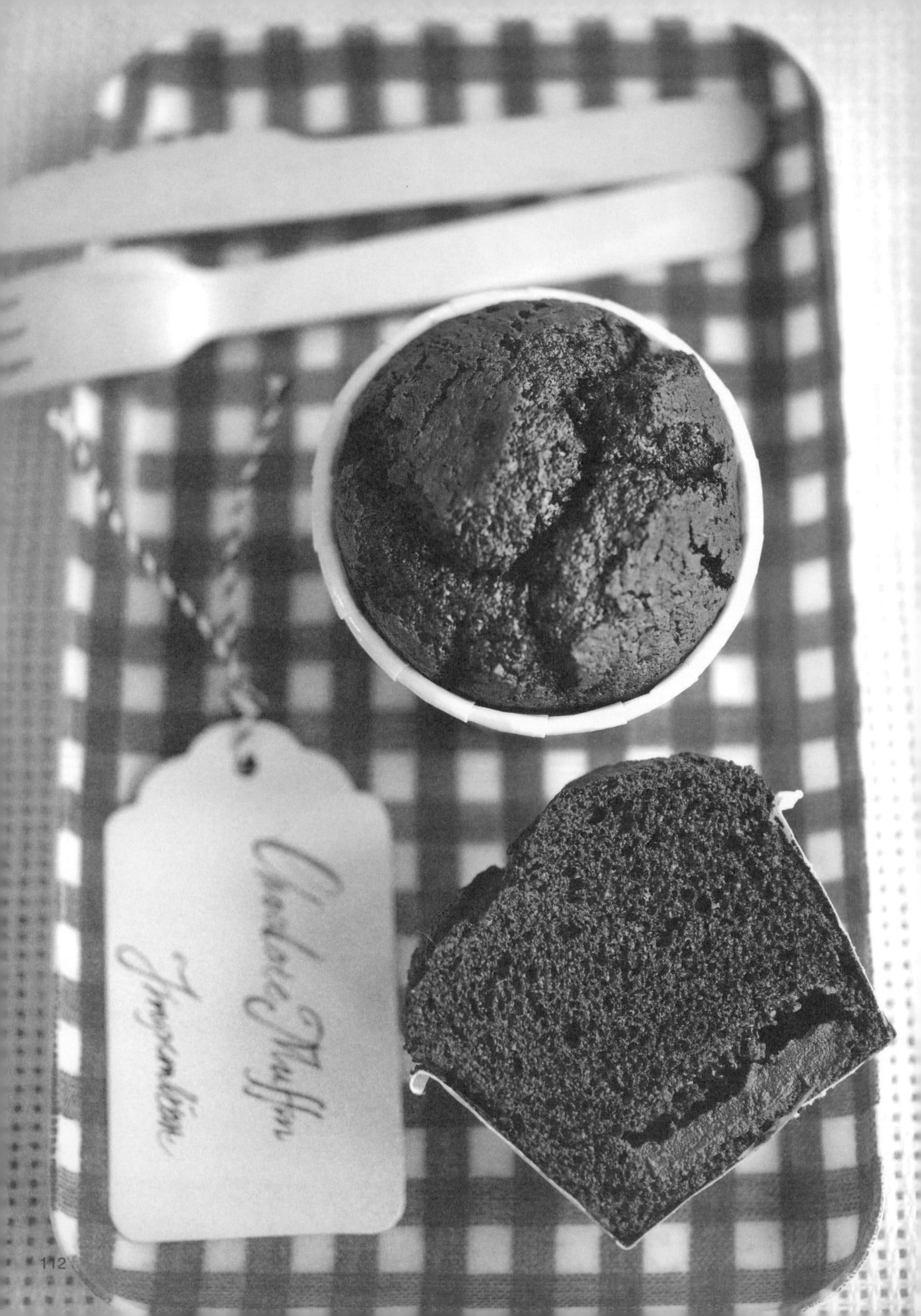

特濃巧克力馬芬

這款馬芬有著最濃郁的巧克力風味，鬆軟的蛋糕中藏著濃醇的巧克力夾心，讓人忍不住愛上它。

材料

蛋糕體

A
- 70%巧克力……85克
- 可可粉……28克
- 熱咖啡……180克

B
- 高筋麵粉……117克
- 細砂糖……150克
- 鹽……2.5克
- 小蘇打粉……4.5克

C
- 沙拉油……90克
- 雞蛋……2個
- 白醋……2小匙
- 香草精……少許

巧克力夾心

- 70%巧克力……60克
- 鮮奶油……60克
- 糖粉……1大匙

烘焙

175度，上下火，中層，20分鐘

準備

- 準備1杯熱咖啡，如果沒有咖啡機，可以用即溶咖啡（不含糖、奶精）加水替代。
- 所需的巧克力分別切碎。
- 材料B的粉類混合過篩。

製作步驟

1. 先製作巧克力夾心。將夾心所需的巧克力切碎，與鮮奶油及糖粉混合，微波加熱後攪拌至滑順，冷藏備用（圖1～2）。
2. 製作蛋糕體，將材料A的巧克力切碎，加入可可粉和熱咖啡混合，攪拌均勻並冷藏降溫（圖3）。
3. 在冷卻的巧克力糊中分別加入材料C的沙拉油、全蛋、白醋和香草精，混合均勻（也可全部混合後再加入）（圖4～7）。
4. 一次倒入混合過篩的材料B所有粉類，攪拌均勻（圖8）。
5. 將完成的蛋糕麵糊入模九分滿，夾心則用裱花袋擠入麵糊中，放入已預熱的烤箱烘烤（圖9）。

健康低脂配方的香蕉馬芬，有大量香蕉泥的加入，濃濃的香氣和綿軟的口感，還有一粒粒堅果的驚喜，超級好吃！

材料

A ┌ 低筋麵粉……100克
└ 泡打粉……5克

B ┌ 牛奶……60克
├ 沙拉油……30克
├ 楓糖漿……20克
└ 紅糖……20克

C ┌ 香蕉……150克
├ 堅果……30克
└ 裝飾用香蕉片適量

製作步驟

1 材料B的所有液體材料和糖混合攪拌均勻（圖1）。

2 將過篩的A中的低筋麵粉和泡打粉與液體材料混合，攪至還有少許乾粉的狀態（圖2～3）。

3 將150克香蕉用叉子壓成泥，不需要太細，有些小的顆粒感也沒有關係（圖4）。

4 將香蕉泥和堅果碎加入麵糊中，混合均勻（圖5～6）。

5 入模八九分滿，表面可將香蕉切0.5公分厚片做裝飾，放入烤箱烤至表面金黃（圖7）。

烘焙

180度，上下火，中層，30分鐘

準備

● 材料A低筋麵粉和泡打粉混合過篩。
● 堅果烤香切小塊，備用。

金桔馬芬

散發著金桔和香草的香氣，即使放冷了吃依然非常鬆軟。

材料

奶油……70克
糖粉……35克
鹽……2.5克
雞蛋……1個
低筋麵粉……100克
泡打粉……4克
糖漬金桔汁……55克
糖漬金桔……60克

烘焙

180度，上下火，中層，20分鐘

準備

- 低筋麵粉和泡打粉混合過篩。
- 奶油軟化。
- 雞蛋恢復室溫打散。
- 撈出糖漬金桔，切碎。

製作步驟

1 奶油軟化後加入糖粉和鹽，打發至膨鬆發白（圖1）。

2 分4～5次加入打散的全蛋液，每次都攪拌至完全吸收（圖2～3）。

3 將低筋麵粉和泡打粉混合，篩入打發的奶油中（圖4）。

4 用刮刀攪拌均勻，加入糖漬金桔汁和切碎的金桔顆粒（圖5）。

5 用刮刀攪拌至完全吸收，不要過度攪拌，拌勻即可（圖6）。

6 用湯匙將麵糊舀入紙杯八分滿，表面可裝飾切碎的糖漬金桔顆粒，放入烤箱烘烤（圖7）。

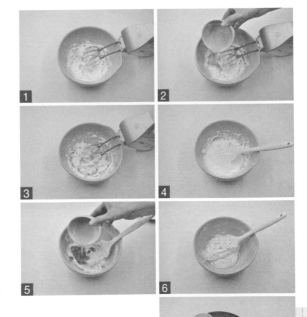

tips

＊糖漬金桔的製作方法見p.254。
＊糖漬金桔可以切碎混入蛋糕糊中，也可以整顆使用。

楓糖核桃馬芬

 材料

A
┌ 牛奶……40克
│ 楓糖漿……60克
└ 玉米油……30克

B
┌ 低筋麵粉……100克
└ 泡打粉……5克

C ─ 核桃……30克

 烘焙

180度，上下火，中層，20～25分鐘

 準備

• 材料B的低筋麵粉和泡打粉混合過篩。
• 核桃烘烤或炒出香味，切小塊，備用。

用楓糖漿替代砂糖，味道非常濃郁，也不會太
過甜膩。

 製作步驟

1 材料A的所有液體材料混合拌勻（圖1）。

2 將過篩的材料B篩入，與液體材料混合至
　還有少許乾粉的狀態時，加入烤熟的核桃
　粒（圖2～3）。

3 略微拌勻，入模至八九分滿，可裝飾核桃
　粒，放入烤箱烤至表面金黃即成（圖4）。

巧克力豆馬芬

用奧利奧餅乾來裝飾馬芬，享受鬆軟蛋糕和酥脆餅乾的雙重口感。

 材料

A
牛奶……100克
細砂糖……30克
玉米油……30克
楓糖漿……15克

B
低筋麵粉……100克
可可粉……12克
泡打粉……5克

C
巧克力豆……50克
奧利奧餅乾……5片

 烘焙

180度，上下火，中層，20～25分鐘

製作步驟

1 材料A的所有材料混合，攪拌均勻（圖1）。

2 將過篩的材料B篩入，與液體材料混合至還有少許乾粉的狀態時，加入巧克力豆（圖2～3）。

3 略微拌勻後裝入模八九分滿，表面可用奧利奧餅乾碎片裝飾，入爐烤至表面金黃（圖4～5）。

藍莓奶酥馬芬

 材料

A
奶油……125克
鮮奶油……185克
雞蛋……2個
1顆檸檬的皮屑

B
中筋麵粉……300克
泡打粉……10克
海鹽……1/4小匙
細砂糖……80克

C 藍莓……185克

奶酥粒原料
奶油……50克
細砂糖……50克
杏仁粉……50克
中筋麵粉……50克

 烘焙

180度，上下火，中層，30分鐘

我喜歡在出爐前的幾分鐘，盯著烤箱裡新鮮的藍莓在蛋糕頂部爆開，藍色的汁液咕嚕咕嚕地冒出來，滲透進馬芬中，而此時奶酥粒已經烤得金黃酥脆，屋裡彌漫著濃濃的香味！新鮮出爐的馬芬一口咬下，濃郁的奶香、酥酥的外殼，還有清新酸甜的藍莓，一切都那麼美好！

 奶酥粒製作步驟

1 將中筋麵粉、杏仁粉、細砂糖混合均勻，加入冷藏切小塊的奶油（圖1）。

2 雙手隔著麵粉包裹奶油搓揉（圖2～3）。

3 將奶油與麵粉搓成顆粒狀，冷藏備用（圖4）。

 準備

• 馬芬使用的奶油提前微波或隔水加熱至融化。

• 奶酥粒使用的奶油提前切小塊冷藏或冷凍。

• 檸檬用鹽搓洗乾淨表皮，擦乾後用刨刀刨出皮屑，備用。

• 鮮奶油和雞蛋提前從冷藏室取出回溫。

• 馬芬原料中材料B的所有粉類提前過篩一次。

• 烤盤墊紙杯備用。

tips

製作奶酥粒時，手的溫度會很容易將奶油軟化，因此要趁著奶油尚未變軟的時機迅速完成。如操作中奶油已經軟化，應立即將攪拌碗整個送入冷凍室降溫，再繼續操作。

製作步驟

1. 將融化的奶油與鮮奶油混合，攪拌均勻（圖1）。

2. 加入2個雞蛋攪拌均勻（圖2）。

3. 加入檸檬碎屑攪拌均勻（圖3）。

4. 將材料B的中筋麵粉、泡打粉、海鹽、細砂糖混合過篩，加入液體材料中（圖4）。

5. 翻拌至無乾粉狀態（圖5）。

6. 加入1/2的藍莓略微混合（圖6）。

7. 用小湯匙挖起麵糊入模，最好滿模而且不需要刻意抹平，放入烤箱後它會膨脹成蘑菇頭的形狀（圖7）。

8. 表面擺放剩餘藍莓（圖8）。

9. 最後將提前製作好的奶酥粒撒在表面，放入已預熱的烤箱中層烘烤（圖9）。

10. 將馬芬烤至表面金黃，出爐後用小叉子挑起紙杯，將馬芬移到晾網上放涼（圖10）。

 tips

＊材料A中與融化奶油混合的鮮奶油和雞蛋，一定要使用常溫狀態的，因為冷藏後的液體材料會使奶油迅速降溫凝固，不易混合。

＊材料B的所有粉類材料應提前過篩，以利於各種粉類分布均勻。

＊液體材料和粉類混合至無乾粉即可，甚至還留有一點點乾粉也不影響，千萬不要過度攪拌。完成的麵糊會顯得很粗糙，但沒有關係，這樣烤製的馬芬口感才好。

＊烤製時間需視情況靈活調整。蛋糕要烤到金黃色，藍莓爆開汁液浸透蛋糕體的狀態。

part

7

乳酪蛋糕

Cheese Cake

質地綿密的乳酪蛋糕，奶香十足，濃郁誘人，搭配酥脆扎實的餅乾底，豐富的口感總教人垂涎不已。使用不同的烘焙手法和精心調配的比例，就能製作出風格別具的滋味。千變萬化的乳酪蛋糕，美味程度絕對超乎你的想像。

1／怎樣快速軟化奶油乳酪？

　　將奶油乳酪（Cream Cheese）用保鮮膜包好，按壓成1.5公分厚度，微波加熱，大約每隔10秒鐘取出察看一次，通常1分鐘即可軟化到適當程度（圖1）。

2／怎樣處理模具？

　　製作乳酪蛋糕最好使用底部固定的不沾模具，底部要墊烘焙紙以利脫模。如果不是使用不沾模具，四周也要襯一圈烘焙紙（高過模具），或者塗抹奶油防沾黏，活動式模具要包裹至少2層鋁箔紙，以防止底部進水（圖2）。

3／什麼是水浴法？

　　水浴法就是將模具置於盛有熱水的深盤中來烘烤，透過加熱產生的蒸氣使蛋糕更加濕潤。盛裝熱水的烤盤必須要有一定深度，加熱水的量要至少沒過模具的1/3高度。烤製過程中如發現熱水有沸騰的跡象，可以加少許冷水降溫（圖3）。

4／乳酪蛋糕在什麼時間享用最美味？

　　一般在烤製時間完成後，最好將烤箱斷電，蛋糕仍然留在爐中緩慢降溫，利用餘熱慢慢烤透。完全涼透後取出，輕輕地傾斜模具，蛋糕會自然與模具四壁分離。此時不要脫模，在模具表面蓋一層廚房紙巾（吸附產生的濕

氣，防止弄濕蛋糕表面），再包一層保鮮膜冷藏一晚，讓各種食材的風味充分融合滲透。翌日再享用，才是最佳的賞味時機（圖4）。

5／怎樣脫模？

　　乳酪蛋糕的蛋糕體都很軟嫩且濕潤，因此脫模要格外小心。將冷藏一晚的蛋糕取出，在表面蓋上一張烘焙紙（防止直接倒扣在手上會損傷表面），左手按住蛋糕，右手將模具倒扣過來。將蛋糕扣在左手後去除模具，拿一個盤子蓋在蛋糕底部，再反轉過來即可。如果蛋糕的四周與模具沾黏，可用脫模刀或極薄的小刀輕輕沿模具四壁劃一圈。如果底部不好脫模，可將模具在明火上直接加熱一下。

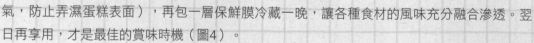

6／怎樣將蛋糕切出漂亮的切面？

將薄而鋒利的刀（最好是波浪齒的專用蛋糕刀）浸在熱水中加溫，用濕毛巾擦乾，切一刀之後，就要將刀片上沾到的蛋糕用紙巾擦乾淨，重新浸熱水加溫。

7／買不到酸奶油怎麼辦？

有兩種辦法可以替代酸奶油（Sour Cream）。方法一，鮮奶油200克加2小匙檸檬汁（鮮榨和濃縮都可以），攪拌均勻，靜置30分鐘後密封冷藏，變得濃稠如醬狀時即可使用；方法二，濾網上放置兩層廚房紙巾，倒入原味優格冷藏過濾一晚，瀝出乳清後，上層濃稠部分即可使用。

8／為什麼乳酪蛋糕會開裂、縮腰、分層？

蛋白打發過度或烤製溫度過高都會導致蛋糕表面開裂，並且因高溫膨脹過度造成回落後發生縮腰，而不穩定的蛋白霜也極易造成消泡，產生分層。因此，合格穩定的蛋白霜和烤製溫度是關鍵。高速打發的蛋白霜會粗糙且穩定性很差，要使用中低速來打發蛋白，才可以得到細膩且穩定的蛋白霜。製作乳酪蛋糕時，蛋白要打發到濕性發泡，提起攪拌頭可以拉出柔和彎鉤的狀態。另外，將蛋糕置於烤箱的中下層，選擇合適的烘烤溫度，避免蛋糕表面距離上發熱管太近，因溫度過高而開裂。

紐約起司蛋糕

（18公分圓模）

這是一款零失敗的起司蛋糕，濃郁醇香的蛋糕體
與含有堅果顆粒的餅乾底組合出完美的口感。

材料

蛋糕原料	餅乾底原料
奶油乳酪……250克	低筋麵粉……70克
酸奶油……200克	去皮熟核桃……35克
鮮奶油……200克	糖粉……20克
細砂糖……120克	鹽……少許
雞蛋……3個	奶油……35克
玉米粉……15克	
檸檬汁……1大匙	
香草精……適量	

烘焙

水浴法，180度，上下火，中下層，烤30分
鐘後轉160度再烤30分鐘

準備

- 奶油乳酪軟化。
- 雞蛋恢復室溫。
- 餅乾底材料中的奶油切小塊，冷藏。
- 模具底部鋪烘焙紙。

 製作步驟

1 餅乾底原料中的所有食材用食物調理機打碎（不要打太久，核桃有些細小的顆粒也沒關係），放入模具底部，用手壓實（圖1）。

2 入預熱160度的烤箱，置於中層，烘烤15分鐘，餅乾底呈金黃色時取出放涼，用小刀沿餅乾底四周劃一圈使其脫離模具（方便後續脫模），在模具四壁塗抹奶油（圖2）。

3 軟化的奶油乳酪攪拌滑順，加入酸奶油攪拌均勻（圖3）。

4 依序加入鮮奶油、玉米粉、細砂糖、雞蛋攪拌均勻，每加一種材料都要確實拌勻後再加入下一樣（圖4～7）。

5 加入檸檬汁和香草精攪拌均勻（圖8）

6 將完成的麵糊直接過篩倒入準備好的模具中（圖9）。

7 模具置於深盤中，加熱水至少沒過模具1/3高度，放入預熱烤箱的中下層烘烤，按照確定的溫度和時間烤製完成。將蛋糕留在烤箱中利用餘溫慢慢烘熟，大約經過2小時完全涼透後取出，包上保鮮膜冷藏一晚（圖10）。

舒芙蕾乳酪蛋糕

（18公分圓模）

材料

A
- 奶油乳酪……300克
- 融化奶油……45克

B
- 蛋黃……57克
- 細砂糖……20克
- 玉米粉……11克
- 牛奶……150克

C
- 蛋白……95克
- 細砂糖……55克

烘焙

水浴法，180度，上下火，中下層，15分鐘
轉160度再烤25分鐘

準備

- 奶油乳酪軟化。
- 奶油融化。
- 模具底部墊烘焙紙，四壁塗奶油。

製作步驟

1 奶油乳酪軟化後攪拌滑順，加入融化奶油攪拌均勻（圖1）。

2 材料B的蛋黃加入細砂糖攪拌均勻，接著加入玉米粉拌勻（圖2）。

3 材料B的牛奶煮沸，一邊緩緩沖入蛋黃，一邊持續攪拌（圖3）。

4 將牛奶蛋黃糊重新倒回小鍋中，大火隔水加熱，不停攪拌至濃稠時離火（圖4）。

5 趁熱將蛋黃糊倒入乳酪中混合均勻（圖5～6）。

6 材料C的蛋白分3次加入細砂糖中，低速打發至濕性發泡（圖7）。

7 取1/3量的蛋白霜與乳酪糊混合均勻，倒入剩餘蛋白霜翻拌均勻（圖8）。

8 完成的麵糊入模，用刮刀抹平表面後放入烤箱，烤製時間結束後不要取出，利用餘溫使蛋糕慢慢熟透，完全冷卻下來後連同模具包裹保鮮膜，冷藏一晚（圖9）。

這款舒芙蕾乳酪蛋糕加入了卡士達蛋黃醬，
質地濕潤綿軟，入口即化。

乳酪蛋糕

最經典的口味永不退流行。

材料

A
奶油乳酪……165克
酸奶油……132克
蛋黃……2個
玉米澱粉……26克
牛奶……132克
香草精……少許

B
蛋白……2個份
細砂糖……80克

烘焙

水浴法，200度，上下火，中下層，15～20分鐘，上色後轉150度再烤40分鐘

 準備

● 準備一片約1公分厚的海綿蛋糕片。

 製作步驟

1 模具底部鋪海綿蛋糕片，周圍鋪高出模具3公分的烘焙紙（若使用不沾模具只需塗少許奶油即可）（圖1）。

2 奶油乳酪室溫或微波加熱軟化，攪拌均勻（圖2）。

3 加入酸奶油攪拌均勻（圖3）。

4 加入蛋黃攪拌均勻（圖4）。

5 篩入玉米澱粉攪拌均勻（圖5）。

6 分數次加入牛奶攪拌均勻（圖6）。

7 加入少許香草精攪拌均勻（圖7）。

8 完成的乳酪糊過篩1次（圖8）。

9 材料B的蛋白打至發泡後，一次加入全部細砂糖，打發至滴落的蛋白霜變得濃稠，有明顯的堆積感（圖9）。

10 分2次將打發的蛋白與乳酪糊翻拌均勻（圖10）。

11 完成的麵糊入模後放入預熱的烤箱烘烤（圖11）。

輕乳酪蛋糕

（18公分圓模）

我個人非常喜愛的一款輕乳酪
蛋糕，因為使用了大量蛋黃，
成品口感輕盈濃郁。

材料

A
奶油乳酪⋯⋯200克
鮮奶油⋯⋯45克
牛奶⋯⋯80克
奶油⋯⋯70克

B
牛奶⋯⋯45克
玉米粉⋯⋯22克
蛋黃⋯⋯120克

C
蛋白⋯⋯132克
檸檬汁⋯⋯少許
細砂糖⋯⋯70克
玉米粉⋯⋯9克

烘焙

水浴法，180度，上下火，中下層，15～20分鐘，上色後轉150度再烤45分鐘

準備

• 材料B中的牛奶和玉米粉混合攪拌均勻。
• 材料C中的細砂糖和玉米粉混合均勻。
• 模具底部墊烘焙紙，四壁塗奶油冷藏，備用。

製作步驟

1 材料A的所有材料混合，隔水用小火加熱並不停攪拌（圖1）。
2 混合成滑順的乳酪糊（圖2）。
3 材料B的牛奶和玉米粉混合均勻，加入乳酪糊中拌勻（圖3）。
4 逐次加入材料B中的蛋黃，混合均勻（圖4）。
5 完成的乳酪糊過篩1次（圖5）。
6 材料C的蛋白加少許檸檬汁，分3次加入細砂糖和玉米粉的混合物，打發至接近濕性發泡的狀態（圖6）。
7 將打發的蛋白霜分2次與乳酪糊混合，翻拌均勻（圖7）。
8 完成的麵糊入模後在烤盤添加溫水，放入已預熱的烤箱中下層烘烤（圖8）。

榴槤起司蛋糕

榴槤真是有人愛有人恨的東西，但是榴槤與起司的搭配，真的美好到可以令不喜歡它的人也會愛上。蛋糕內加入的榴槤果肉用量可自行調整，從50～140克都可以，根據個人喜愛程度來製作吧。

材料

A [榴槤果肉……125克
鮮奶油……40克

B [奶油乳酪……125克
細砂糖……20克
蛋黃……2個
低筋麵粉……25克
鮮奶油……60克

C [蛋白……2個份
細砂糖……40克

烘焙

水浴法，170度，上下火，中下層，40分鐘

準備

● 奶油乳酪軟化。

● 模具底部墊烘焙紙，四壁塗奶油。

製作步驟

1 材料A的榴槤果肉和鮮奶油用食物調理機打成泥（圖1）。

2 奶油乳酪軟化後加細砂糖攪拌滑順（圖2）。

3 加入2個蛋黃攪拌均勻（圖3）。

4 加入材料A的榴槤奶油泥攪拌（圖4）。

5 篩入低筋麵粉混合均勻（圖5）。

6 加入材料B的另外60克鮮奶油，攪拌均勻（圖6～7）。

7 材料C的蛋白分3次加入細砂糖打至濕性發泡（圖8）。

8 將打發的蛋白霜分3次加入榴槤奶蛋糊中（圖9）。

9 完成的蛋糕糊入模，置於加熱水的烤盤中，放入預熱的烤箱烘烤（圖10）。

濃醇細滑的咖啡乳酪，搭配打發的奶油和有著獨特香味的肉桂，
像不像在「吃」一杯卡布奇諾？

卡布奇諾 乳酪蛋糕

（耐熱烘焙用咖啡杯3杯）

材料

奶油乳酪……70克

細砂糖……50克

即溶咖啡粉……1又1/2小匙

全蛋……2個

牛奶……170克

製作步驟

1 奶油乳酪軟化後加入細砂糖，攪拌均勻（圖1）。

2 加入即溶咖啡粉攪拌均勻（圖2）。

3 將2個雞蛋打散後，分4次加入乳酪中攪拌均勻（圖3）。

4 加入牛奶攪拌均勻（圖4）。

5 完成的乳酪糊過篩1次（圖5）。

6 倒入耐烘焙的容器中八九分滿（圖6）。

7 將容器以鋁箔紙包覆表面，置於深盤中，加入熱水放入烤箱烘烤（圖7）。

烘焙

水浴法，140度，上下火，中層，40分鐘

tips

＊根據容器的大小，烤製的時間會有所不同，最後5分鐘時可取出查看，如晃動杯子時僅中間部分的乳酪有輕微顫動即完成。切忌烤製過度，會失去柔滑的口感。

＊烤好的乳酪蛋糕於室溫放涼後，繼續包覆鋁箔紙冷藏2～3小時。享用前可搭配奶泡或打發鮮奶油，撒上少許肉桂粉。

抹茶烤起司

（耐熱烘焙用玻璃杯3杯）

有著布丁的滑順口感，抹茶的清爽味道只要搭配奶油和紅豆就會變得格外美妙。

 材料

奶油乳酪……30克
抹茶粉……1小匙
鮮奶油……60克
糖粉……60克
雞蛋……3個
牛奶……15克

 烘焙

水浴法，140度，
上下火，中層40分鐘

 製作步驟

1 奶油乳酪軟化，篩入抹茶粉攪拌均匀（圖1）。

2 加入鮮奶油攪拌均匀（圖2）。

3 加入糖粉攪拌均匀（圖3）。

4 逐次加入雞蛋攪拌均匀（圖4）。

5 加入牛奶攪拌均匀（圖5）。

6 過篩一次（圖6）。

7 倒入模具九分滿（圖7）。

8 將模具包好鋁箔紙放入深盤中，注入溫水放進烤箱爐（圖8）。

part

8

蛋糕卷
Cake Roll

無論是使用戚風蛋糕還是海綿蛋糕來製作蛋糕卷，都要透過蛋白霜的打發程度來調節蛋糕的膨脹度，以烤出柔軟有韌性的蛋糕片。這需要熟練基礎戚風和海綿蛋糕的製作方法才能做到，而蛋白霜的狀態則是最關鍵的一環。通常，製作蛋糕卷時不會將蛋白打發至乾性發泡，因此不要使用電動打蛋器的高速檔。高速檔雖然可以快速達到所需的濕性發泡狀態，但是泡沫粗糙不穩定。正確的做法是，以中低速打發出細膩穩定的蛋白霜。

1／烤盤的選擇

在烤製蛋糕片時，通常使用28×28公分正方形和25×35公分長方形烤盤。使用前可以先墊上烘焙紙，或裁剪一塊和烤盤底面相同大小的不沾烘焙墊。

2／蛋糕卷為何會開裂？

開裂的原因有幾種：蛋白打發過度，烤製的溫度過高或時間過長，捲起的手法不正確。另外，如果捲入的內餡太少也會導致捲起弧度太小，使蛋糕卷開裂。

3／蛋糕卷為何會掉皮？

沒有完全烤熟，要適當延長烘烤時間；另外，在蛋糕還很熱的時候就倒扣過來，也會因為熱氣聚集在表皮而變得濕黏，容易沾黏在烘焙紙上。

4／蛋糕卷表面不平整、起皺、有氣泡的原因

蛋白打發不足或太過，混合時手法不正確發生消泡，以致麵糊不穩定。

5／正確的脫模方式

使用不沾烤盤可直接倒入麵糊烘烤，出爐後從20公分高處摔放到檯面上震出熱氣，晾至微溫時倒扣即可脫模（可使用脫模刀沿四周劃一圈）；非不沾烤盤要提前在烤盤上墊烘焙紙或烘焙墊防沾黏，出爐立即拉起烘焙紙，將蛋糕順勢拖到晾網上，撕開四周的烘焙紙散熱，待晾至微溫時再倒扣過來。撕除底部烘焙紙後如不立即使用，就將烘焙紙繼續蓋在表面，防止變乾。

6／如何反捲？

如果要使用蛋糕片底部來做為表面，就要注意蛋糕底部是否完美。使用烘焙紙很容易因為濕氣聚集而起皺，所以最好使用不沾烤盤或在烤盤底部墊一張不沾黏的烘焙墊，這樣才能做出平整的底面。另外，出爐後一定要將蛋糕晾至微溫才脫模，這樣才能利用烘焙紙將蛋糕底部黏掉，形成表面粗糙的「毛巾底」。

※製作完成的蛋糕糊要從大約30公分的高處倒入烤盤，這樣有利於將麵糊內部的大氣泡排出（圖1）。

※麵糊入模後可以端著烤盤向四角傾斜，使麵糊自然流動平整，也可以用塑膠刮板將表面刮平（圖2～3）。

※放入烤箱前用噴瓶在麵糊表面噴水，有利於蛋糕片表面平整。

※蛋糕卷在捲入打發奶油時，鮮奶油應該打發至偏硬一些，這樣才有利於捲起及形狀的飽滿。

健康自然的黑芝麻地瓜卷，較奶油夾餡更易於操作，適合做為新手在學習蛋糕卷時的練習！口味也相當棒，調製過的地瓜餡非常滑順，與綿軟的蛋糕體和香濃的黑芝麻相當搭配。

黑芝麻地瓜卷

（28×28公分正方形烤盤）

材料

A
- 蛋黃……4個
- 牛奶……52克
- 沙拉油……40克
- 低筋麵粉……52克
- 黑芝麻……2大匙

B
- 蛋白……4個份
- 細砂糖……60克
- 檸檬汁少許

地瓜餡
- 地瓜……300克
- 糖粉……適量

烘焙

190度，上下火，中層，18分鐘

製作步驟

1 按照戚風蛋糕的製作過程，將蛋黃蛋白分離後，蛋白置於冷凍室，備用。先來製作蛋黃糊，按照蛋黃、牛奶、沙拉油、低筋麵粉、黑芝麻的順序依次混合攪拌均勻，尤其注意加入沙拉油後要充分乳化（圖1）。

2 將冷凍至周圍有些許薄冰的蛋白取出，加少許檸檬汁打發，中途分3次加細砂糖，保持中速打發至濕性發泡再稍過一點的狀態（圖2）。

3 取1/3量的蛋白霜與蛋黃糊混合翻拌均勻（圖3）。

4 將混合均勻的蛋黃糊倒入剩餘蛋白霜中，翻拌均勻（圖4）。

5 將完成的蛋糕糊從高處倒入烤盤（圖5）。

6 端起烤盤分別向四角傾斜，使麵糊流動至每個角落，表面平整後將烤盤摔放在桌面上震模1次，放入預熱的烤箱開始烘烤（圖6）。

7　烤製蛋糕的同時可以來製作地瓜餡。將地瓜蒸熟或烤熟後去皮過篩，視地瓜本身的甜度添加糖粉來調節（製作好的地瓜餡必須滑順柔軟，如果餡料過於濃稠，可加少許牛奶調整；如太過稀軟，可放入不沾鍋中稍微炒過以蒸發部分水分）（圖7～8）。

8　蛋糕片從烤箱取出，立即從20公分高處摔放在檯面上以震出底部熱氣，連同烤盤放置在晾網晾至微溫，倒扣在一張烘焙紙上脫模，將蛋糕片兩邊切割整齊（圖9）。

9　翻面後將烘焙上色的一面朝上，均勻塗抹地瓜餡，起始端（切割整齊的一端）略厚，尾端薄薄塗抹一層即可（圖10）。

10　用一支擀麵棍捲起起始端的烘焙紙，順勢將蛋糕片提起並下壓，注意擀麵棍是壓在蛋糕片起始端的外側（圖11）。

11　提起烘焙紙，慢慢捲動擀麵棍，讓蛋糕卷順勢捲起，直到收尾處。注意一定要將收尾的一邊置於蛋糕卷的中間位置，這樣成品才會漂亮，也能將尾端收在蛋糕卷的底部不容易鬆動（圖12～13）。

12　想要蛋糕卷更加緊實飽滿，可以用一把鋼尺，壓在上面的烘焙紙上塞入蛋糕卷下側，連同烘焙紙拉起，同時另一隻手拉緊下端烘焙紙，同時施力使蛋糕卷更加緊實。（圖14）。

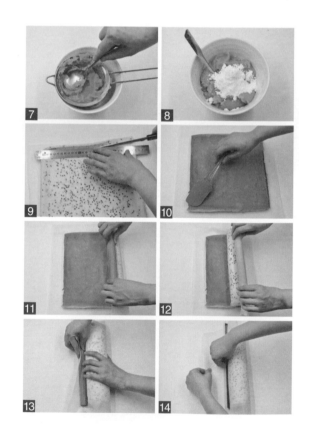

戚風蛋糕卷

（28×28公分正方形烤盤）

材料

A
蛋黃……4個
細砂糖……10克
沙拉油……40克
牛奶……40克
低筋麵粉……40克

B
蛋白……4個份
細砂糖……30克
檸檬汁……少許

奶油餡
鮮奶油……250克
細砂糖……20克

 烘焙

175度，上下火，中層，20分鐘

 準備

• 低筋麵粉過篩。
• 蛋黃蛋白分離後，蛋白冷凍至邊緣結薄冰。

 製作步驟

1 按照戚風蛋糕的製作過程，將蛋黃蛋白分離後，蛋白置於冷凍室備用。先來製作蛋黃糊，按照蛋黃、細砂糖、沙拉油、牛奶、低筋麵粉順序依次混合攪拌均勻，尤其注意加入沙拉油後要攪拌至充分乳化（圖1～6）。

2 將冷凍至周圍有些許薄冰的蛋白取出，加入少許檸檬汁開始打發。中途分3次加入細砂糖，保持中速打發至濕性發泡再稍過一點的狀態（圖7）。

3 取1/3量的蛋白霜與蛋黃糊混合翻拌均勻。將混合均勻的蛋黃糊倒入剩餘蛋白霜中翻拌均勻。完成的蛋糕糊從30公分高處倒入烤盤。端起烤盤分別向四角傾斜，使麵糊流動至每個角落。麵糊表面平整後將烤盤摔放在桌面上震模1次，放入預熱的烤箱烘烤（圖8～10）。

4 蛋糕出爐後從30公分高處摔在桌面上，震出底部熱氣，連同烤盤置於晾網上放涼（圖11）。

5 鮮奶油加細砂糖，隔冰水打發（圖12）。

6 將晾至微溫的蛋糕片倒扣脫模，底面朝上放置在一張乾淨的烘焙紙上。切去上下不整齊的兩邊，抹上打發鮮奶油，起始端要厚一點，收尾的一端只需抹薄薄的一層（圖13）。

7 用擀麵棍捲起起始端的烘焙紙，向上提起。將擀麵棍放在蛋糕片的邊緣施力，輕輕下壓（圖14）。

8 慢慢捲動擀麵棍並順勢提起烘焙紙，借助烘焙紙將蛋糕片自然向前推動捲起，直到收尾處。將擀麵棍下壓，注意蛋糕片收尾的一邊要壓在蛋糕卷底部的中間，這樣才會漂亮（圖15～16）。

9 用一把鋼尺壓在上層的烘焙紙上，將隔著烘焙紙的鋼尺塞在蛋糕卷底部，一隻手拉起下層烘焙紙，一隻手借助鋼尺壓緊上層烘焙紙輕輕施力，將蛋糕卷捲得更加緊實飽滿（圖17）。

10 完成的蛋糕卷用烘焙紙包起後冷藏定形（圖18）。

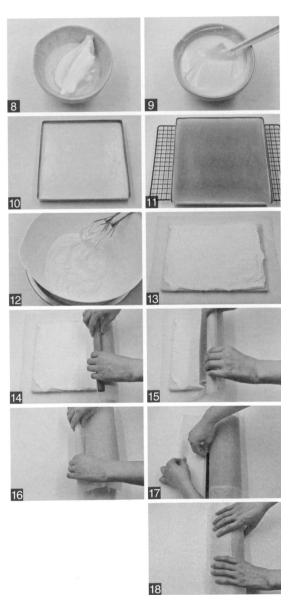

抹茶漩渦蛋糕

（25×35公分長方形烤盤）

層層的抹茶蛋糕捲起雪白柔滑的奶油，
形成美麗的切面和融為一體的口感！

材料

雞蛋……4個
細砂糖……85克
抹茶粉……7克
低筋麵粉……70克
牛奶……20克
奶油……20克
鮮奶油……300克
細砂糖……20克

 烘焙

180度，上下火，中層，10分鐘

 準備

● 抹茶粉過篩後混合低筋麵粉，過篩一次，備用。
● 牛奶和奶油加熱至奶油融化後保溫。
● 鮮奶油和細砂糖打發，冷藏備用。

製作步驟

1 4個全蛋加細砂糖，隔溫水打發至滴落的蛋糊不易消失的狀態（圖1）。

2 分2次篩入低筋麵粉和抹茶混合物，每次都用打蛋器翻拌均勻（圖2～3）。

3 將溫熱的牛奶和奶油攪拌均勻，沿盆壁淋入蛋糕糊中（圖4）。

4 用刮刀翻拌均勻（圖5）。

5 入模後將烤盤向四角傾斜使麵糊平整。放入烤箱前在桌面震幾下叩出氣泡（圖6）。

6 出爐後立即從30公分高處將蛋糕盤摔在桌面上，震出內部熱氣，然後置於網架上放涼（圖7）。

7 當蛋糕盤冷卻至不燙手時，用脫模刀將四壁沾黏的部分劃開，倒扣在一張烘焙紙上（圖8）。

8 將蛋糕片縱向切成6條，每條約4公分寬（圖9）。

9 將一半的打發奶油均勻地塗抹在蛋糕片上（圖10）。

10 一條接一條首尾相連地將蛋糕片捲起（圖11）。

11 最後的收口處斜切一下做為收尾（圖12）。

12 用剩餘的奶油將蛋糕表面抹平，也可以用湯匙背面做出簡單的紋理，冷藏定形後切塊享用（圖13）。

舒芙蕾蛋糕卷

（25×35公分長方形烤盤）

舒芙蕾蛋糕卷因為加入大量的蛋黃，
整體味道格外香濃。

材料

A ┌ 蛋黃……114克
　└ 細砂糖……30克

C ┌ 奶油……15克
　└ 牛奶……35克

B ┌ 蛋白……138克
　│ 細砂糖……60克
　└ 低筋麵粉……60克

奶油餡
鮮奶油……250克
細砂糖……17克

 烘焙

180度，上下火，中層，
15分鐘

 準備

- 烤盤墊烘焙紙。
- 材料C隔水加熱，保持
　溫度在70度上下。

 製作步驟

1　材料A中的蛋黃和細砂糖混合，
　打發至顏色發白（圖1～2）。

2　材料B中的蛋白分3次加入細砂
　糖，打發至濕性發泡（圖3）。

3　取1/3量打發的蛋白霜與蛋黃糊
　略微混合（圖4）。

4　一次篩入全部的低筋麵粉並翻拌
　均勻（圖5～6）。

5　將蛋黃糊倒回剩餘的蛋白霜中，
　翻拌均勻（圖7～8）。

6　將溫熱的奶油和牛奶攪拌均勻，
　沿盆壁淋入蛋糕糊中，翻拌均勻
　（圖9）。

7　完成的蛋糕糊從高處倒入模具
　中，端起烤盤分別向四角傾斜，
　使蛋糕糊平整後震模2次，放入
　預熱的烤箱烘烤（圖10）。

8　出爐後立即從30公分高處摔在檯
　面上，以震出模底的熱氣。將蛋
　糕連同墊紙順勢拖出，置於晾網
　上。將四周的墊紙撕開散熱，待蛋糕卷降至微溫時，取
　另一片乾淨的烘焙紙覆在蛋糕表面，翻轉過來。蛋糕片
　散熱後捲入打發奶油，冷藏定形（圖11）。

日式棉花卷

（25×35公分長方形烤盤）

 材料

奶油……50克
低筋麵粉……65克
牛奶……65克
雞蛋……5個
細砂糖……65克

奶油餡

鮮奶油……250克
細砂糖……17克

 烘焙

170度，上下火，中層，20分鐘

 準備

• 將5個雞蛋分為4個蛋黃和1個全
蛋為一份，打散備用。剩餘4個份
的蛋白為一份。

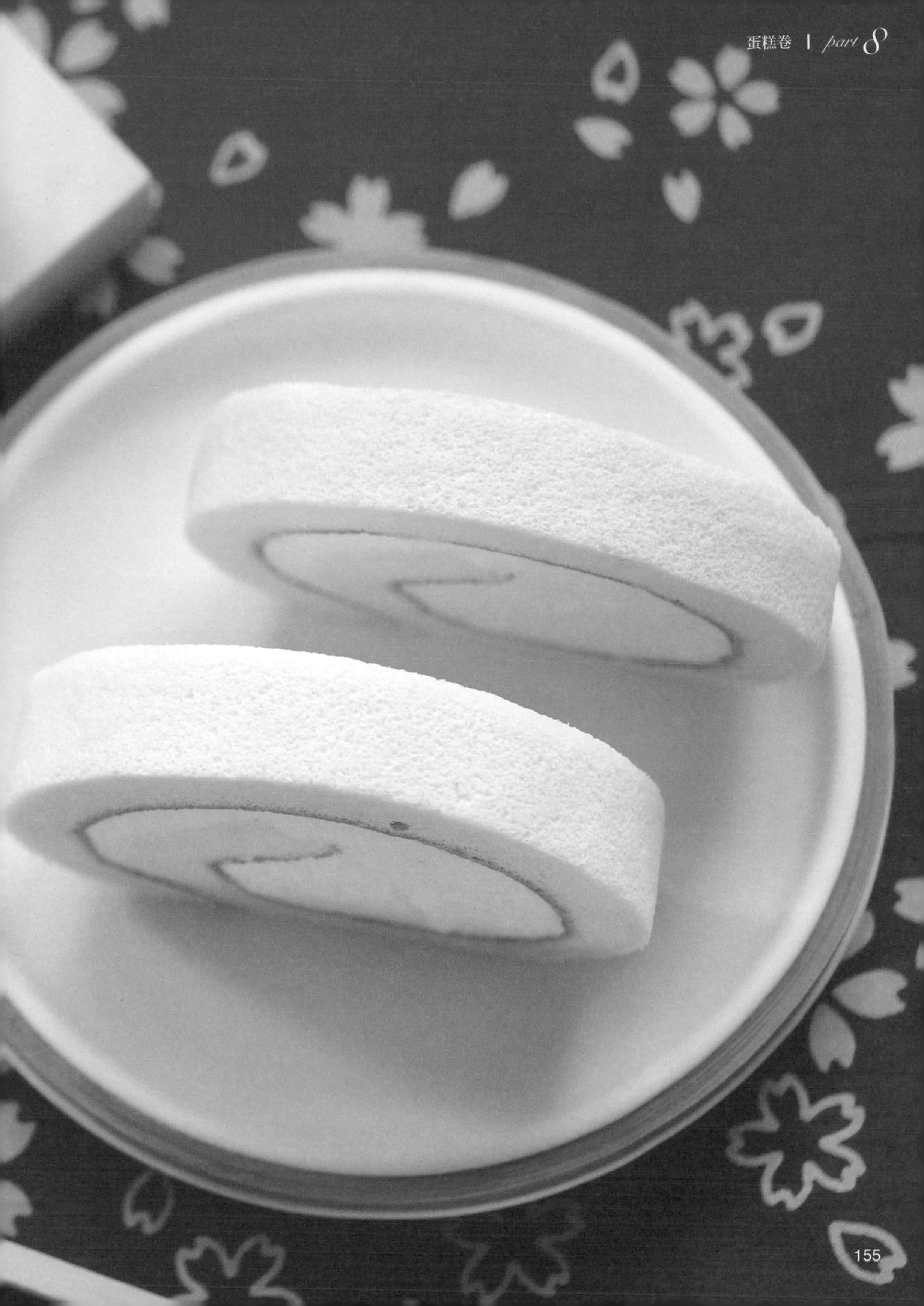

製作步驟

1. 將奶油切小塊，用小鍋加熱至沸騰（圖1）。

2. 立即關火，將過篩的低筋麵粉倒入奶油中（圖2）。

3. 將低筋麵粉和奶油略微拌至沒有乾粉即可（圖3）。

4. 將分出的4個蛋黃和1個全蛋打散（圖4）。

5. 牛奶用小火加熱至60度（圖5）。

6. 將熱牛奶緩慢倒入打散的蛋黃液中，保持不停攪拌以免將蛋液燙熟（圖6）。

7. 將溫熱的牛奶蛋黃液少量多次地加入奶油麵糊中，每次都混合至完全吸收（圖7）。

8. 完成的蛋黃糊應該完全乳化，質地均勻（圖8）。

9. 將4個份的蛋白分3次加入細砂糖，打發至呈彎鉤狀（圖9）。

10. 取1/3蛋白霜與蛋黃糊混合均勻（圖10）。

11. 將混合好的蛋黃糊倒入剩餘蛋白霜中混合均勻（圖11～12）。

12. 完成的麵糊入烤盤，震模2次，放入烤箱烘烤（圖13）。

13. 蛋糕出爐後立即從30公分高處摔在檯面上，以震出模底的熱氣。將蛋糕連同墊紙，順勢拖出置於晾網上，將四周的烘焙紙撕開散熱。待蛋糕卷微溫時取另一片乾淨的烘焙紙，覆在蛋糕表面並翻轉過來。撕除底部烘焙紙，切除兩端不平整的部分，塗抹打發鮮奶油，捲起冷藏（圖14）。

part

9

泡芙・塔
Puff & Tart

泡芙，擁有酥脆的外殼和多變的餡料，無論是經典的香草奶油、生奶油和水果的搭配，還是使用蔬菜、肉類做為夾心的鹹泡芙，百變的口味和造型都為大家所喜愛。

大家一定會很奇怪並擔心——它是怎麼從一小團麵糊膨脹成那麼大的泡芙呢？它會不會塌掉？會不會無法鼓起來？不用擔心，只要掌握了下面一些重點，你也可以做出完美的泡芙！接著就能隨心所欲地應用變化了！

1／關於泡芙麵糊的原料

泡芙原料中的糖和鹽用量極少，如果製作鹹泡芙，可以去掉細砂糖；高筋粉因為筋度高，所以更有利於膨脹，成品也會偏酥脆；也可使用普通的中筋麵粉；而使用低筋粉製作的泡芙相對較柔軟。本書提供的基礎泡芙配方，都使用全蛋。由於雞蛋大小的不同，在最後必須分成少量多次加入，同時密切觀察麵糊的狀態。如果蛋液沒有全部用完，但麵糊已經呈「倒三角狀」，那麼就不需要再加入。如果全部加完後麵糊仍然非常稠厚，可適量再添加一小部分蛋液。最終的麵糊要以標準的「倒三角」狀態為準。太乾的麵糊會阻礙泡芙膨脹，造成體積不大、表皮較厚、內部空洞小；而太濕的麵糊因為含水量過高，不容易烤乾，導致成品扁塌、表皮不酥脆且容易塌陷。

2／泡芙為什麼會膨脹並形成空心？

泡芙之所以能透過高溫膨脹產生大的空腔，是由於燙熟的麵粉糊化後吸收大量水分，而內含的水分在高溫下蒸發產生膨脹所致。因此，將麵粉燙熟是第一步，而後續加入全蛋液後要充分攪拌使麵糊起筋，才能製作出外殼酥脆、內膜更薄、空腔更大的泡芙。

3／烘烤的溫度和時間

根據泡芙的膨脹特點，可以採用高溫使其膨脹後再轉中溫烘烤至熟的辦法，如此烤製的泡芙外形會格外飽滿。可以參考用上下火210度烘烤10～15分鐘，待泡芙完全膨脹後轉為180度烘烤15～20分鐘。具體要根據泡芙的大小靈活掌握，成品烤到輕微著色即可，中途切記不可打開烤箱門。

4／最佳品嘗時間

出爐後立即夾入新鮮的食材品嘗最為美味。如果不馬上食用，請不要急著填餡料，因為水分滲入後會影響泡芙的酥脆口感。可以先將餡料製作好冷藏，待要食用之前再加以組合。

用冰淇淋來做泡芙夾餡也十分美味。

這款「迷你脆糖泡芙」是基礎泡芙麵糊（參見p.160）的簡單變化版，使用高筋麵粉能讓泡芙變得更酥脆。製作成硬幣大小的迷你泡芙，表面刷上蛋液並沾滿珍珠糖，即使不用夾餡也十分美味，一口一個，讓人嘴巴停不了。

製作迷你泡芙時，要特別注意控制溫度和時間，根據擠出麵糊的大小，以210度高溫烤至泡芙充分膨脹，轉180度烤15-20分鐘至上色定形。

*擠好的泡芙麵糊在放入烤箱前，可以刷上全蛋液使其烤出漂亮的金黃色，如果喜歡單純的原味，也可以在放入烤箱前於麵糊上噴水。

*製作好的香草奶油餡冷藏後口感更好，可以用刀橫向剖開泡芙夾餡，也可用泡芙擠花嘴從泡芙底部填入餡料。

香草奶油泡芙

最基本的香草卡士達泡芙是甜泡芙的經典，不僅酥脆的外殼特別誘人，冷藏後清涼爽口的香草卡士達奶油，滋味更猶如冰淇淋般美妙。

 材料

泡芙原料

水……90毫升
奶油……45克
鹽……1克
糖……3克
高筋麵粉……60克
全蛋……2個

香草奶油餡

牛奶……100克
香草豆莢……1/4枝
蛋黃……2個
細砂糖……20克
低筋麵粉……5克
玉米澱粉……5克
鮮奶油……100克
細砂糖……10克

 烘焙

210度，上下火，中層，烘烤10～15分鐘，待泡芙完全膨脹後轉為180度，烘烤15～20分鐘

製作泡芙步驟

1 將水、奶油、鹽、糖放入小鍋中，以中火加熱至沸騰，立即關火（圖1）。

2 一次倒入過篩的高筋麵粉並用刮刀拌勻（圖2～3）。

3 重新開小火加熱麵糰，邊加熱邊不停從底部鏟起，直至鍋底出現一層薄膜時離火（圖4）。

4 待麵糰微溫時，將2個全蛋打散，少量多次地加入麵糰中，每次都用刮刀攪拌至完全吸收（圖5）。

5 當提起刮刀，麵糊呈倒三角形狀時表示麵糊完成，如果還有剩餘的蛋液也不要再加入（圖6）。

6 用圓形花嘴將麵糊在烤盤上擠出大小一致的生坯，中間要留有約5公分間距（圖7）。

7 用沾過水的叉子將生坯的尖角壓平，放入已預熱的烤箱烘烤（圖8）。

製作香草奶油餡步驟

1 將蛋黃加入細砂糖打散，篩入低筋麵粉和玉米澱粉混合均勻（圖1）。

2 將香草籽取出連同香草豆莢一起和牛奶煮至微沸（圖2）。

3 去除香草豆莢，將熱的牛奶緩緩注入蛋黃中，繼續不停攪拌（圖3）。

4 混合的牛奶蛋黃糊重新小火加熱，不停攪拌至濃稠狀離火（圖4）。

5 將鮮奶油加細砂糖打發（圖5）。

6 將完成的卡士達奶油與打發奶油混合拌勻即可（圖6）。

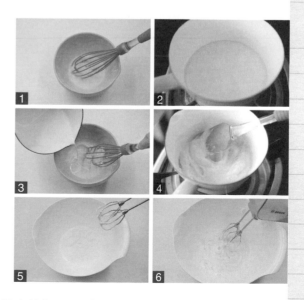

巧克力
脆皮泡芙

 材料

巧克力脆皮材料

黑巧克力（70%）……100克

水……50毫升

細砂糖……40克

 準備

● 製作一份香草奶油泡芙。

 製作步驟

1 砂糖和水煮沸，可稍微多煮一會兒，讓水分多蒸發一點（圖1）。

2 黑巧克力隔水融化（圖2）。

3 將煮好的糖水倒入巧克力中（圖3）。

4 攪拌均勻後離火（圖4）。

5 將香草奶油餡從泡芙的底部或表面裂開處擠入（圖5）。

6 擠好夾餡的泡芙在溫熱的巧克力中沾滿2/3，放置在晾網上，待巧克力凝固（圖6）。

7 可以篩少許糖粉，也可以用糖珠加以裝飾（圖7）。

用曲奇麵糊製作的巧克力酥皮，隨著泡芙的膨脹裂出美麗的花紋。有著酥皮的泡芙外殼，口感更加酥脆。

巧克力酥皮泡芙

 材料

泡芙材料

水……90克
奶油……45克
鹽……1克
糖……3克
高筋麵粉……55克
可可粉……5克
全蛋……2個

巧克力酥皮材料

奶油……38克
糖粉……40克
低筋麵粉……45克
可可粉……5克

 烘焙

210度，上下火，中層，烘烤10～15分鐘，待泡芙完全膨脹後轉為180度，烘烤15～20分鐘

製作酥皮步驟

1 軟化奶油和糖粉混合後打發
　（圖1）。
2 將可可粉和低筋麵粉混合篩入
　（圖2）。
3 用刮刀翻拌均勻（圖3）。
4 將麵糰裝入保鮮袋，用擀麵棍
　擀成0.2～0.3公分的薄片，冷
　藏備用（圖4）。
5 將冷藏（或冷凍）定形的麵皮取出，剪開保鮮袋，
　用壓模壓出合適的大小（要稍微大於泡芙生坯的直
　徑），邊角部分混合後再次擀開重複操作，壓好的酥
　皮冷藏備用（圖5）。

製作泡芙步驟

1 將水、奶油、鹽、糖在小鍋中
　以中火加熱至沸騰，立即關火
　（圖1）。
2 一次倒入過篩的高筋麵粉和可
　可粉，用刮刀拌勻（圖2）。
3 重新開小火加熱麵糰，邊加熱
　邊不停從底部鏟起，直至鍋底
　出現一層薄膜時離火（圖3）。
4 待麵糰冷卻至微溫時，將2個全
　蛋打散，少量多次地加入麵糰
　中，每次都用刮刀攪拌至吸收
　（圖4）。
5 當提起刮刀，麵糊呈倒三角形狀時表示麵糊完成，此
　時如果還有剩餘的蛋液也不要再加入（圖5）。
6 用圓形花嘴將麵糊擠在烤盤上，將冷藏的酥皮蓋在擠
　好的泡芙麵糊上，放入預熱的烤箱中層烘烤（圖6）。
7 出爐的泡芙放涼，用泡芙花嘴從底部填入香草奶油餡（圖7）。

抹茶泡芙

抹茶卡士達醬有著抹茶獨特的清苦與醇厚，
搭配少許打發鮮奶油，清爽不膩口。

材料

A ┌ 蛋黃……2個
　├ 抹茶粉……3.5克
　└ 低筋麵粉……12克

B ┌ 牛奶……166克
　└ 細砂糖……23克

C ┌ 奶油……30克
　　鮮奶油……100克
　　細砂糖……8克

 **準備**

• 按照p.160「香草奶油泡芙」的做法製作一份泡芙。

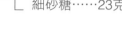 **製作步驟**

1 將蛋黃打散（圖1）。
2 篩入抹茶粉攪拌均勻（圖2）。
3 篩入低筋麵粉攪拌均勻（圖3～4）。
4 將牛奶加細砂糖煮至微沸（圖5）。
5 將熱的牛奶緩緩倒入蛋黃抹茶糊中，一邊倒一邊不停攪拌（圖6）。
6 全部混合均勻後，倒回鍋中（圖7）。
7 開小火邊加熱邊攪拌至濃稠狀時關火，趁熱加入奶油，攪拌至奶油吸收（圖8）。
8 將完成的卡士達醬過篩盛裝於深盤中（圖9）。
9 如不及時使用，可用保鮮膜直接覆蓋在卡仕達醬的表面貼合緊密，可冷藏4天。使用前取出再次攪拌滑順即可（圖10）。
10 取烤製好的泡芙橫向剖開（圖11）。
11 擠上抹茶卡士達醬（圖12）。
12 再擠一層打發鮮奶油（圖13）。

基礎塔皮的製作及整形

 材料

低筋麵粉……210克

細砂糖……55克

奶油……130克

蛋黃……1個

水……10克

香草精……適量

準備

• 奶油切成均勻的小塊,冷凍備用。

 製作步驟

1 將蛋黃、水、香草精混合攪拌均勻(圖1~2)。

2 低筋麵粉、細砂糖和奶油一同放入食物調理機,攪打成細碎的顆粒狀(圖3~4)。

3 混合好的奶油和粉類倒在攪拌碗裡,將第2步混合好的液體倒在中間(圖5)。

4 用刮板略微混合成大的片狀(圖6)。

5 一邊用刮板輔助,一邊用手將麵糰抓成團,不要過度揉捏,成團即可(圖7~8)。

6 將麵糰裝入保鮮袋,隔著保鮮袋略微按壓均勻,擀開成均勻的厚片,冷藏30分鐘,待麵糰鬆弛後使用(圖9~10)。

整形

7 取出所需分量的麵糰,上下各墊一層
烘焙紙,擀成約0.4公分厚、略大於模
具的薄片(圖11)。

8 用擀麵棍捲起麵皮蓋在塔模上,以手
指按壓麵皮,使其與模具底部及邊緣
緊密貼合。用擀麵棍擀壓模具邊緣,
去掉多餘麵皮(圖12~14)。

9 用拇指指腹將四周的塔皮整理至厚薄
均勻一致,將底部塔皮推至與塔模完
全貼合(圖15~16)。

10 整形好的塔皮至少冷藏鬆弛1小時,
否則很容易回縮。如果使用生塔皮連
同餡料一起烘烤,就用叉子在內部叉
滿小孔,防止烘烤過程中底部隆起
(圖17)。

11 如果使用熟塔皮,則要在塔皮上墊上
烘焙紙,並鋪滿烘焙重石或其他重物,以180度、上下火,
置於中層烘烤至邊緣上色,取下烘焙重石及烘焙紙,繼續放
入烤箱烤至底部呈金黃色。為了避免餡料浸透塔皮影響酥脆
口感,可在烤好的塔皮內部刷3層全蛋液,回爐烘烤3分鐘使
其凝固,再填入製作好的餡料(圖18~20)。

濃郁的乳酪和香草味道、新鮮的草莓、
酥脆的塔皮，讓人怎能不愛你！

草莓乳酪塔

（直徑18公分圓形塔）

 材料

甜塔皮……200克

奶油乳酪……120克

細砂糖……38克

全蛋液……48克

低筋麵粉……24克

鮮奶油……72克

牛奶……135克

香草豆莢……1/4枝

 烘焙

170度，上下火，中層，10分鐘，
轉160度再烤15分鐘

 準備

● 奶油乳酪室溫軟化。

● 取一份甜塔皮麵糰，依照p.169的
做法整形並烘烤至金黃色，備用。

 製作步驟

1 將香草籽取出，混合牛奶煮沸，加蓋燜30分鐘，使香草的味道融合在牛奶中（圖1）。

2 奶油乳酪軟化，加入細砂糖攪拌均勻（圖2）。

3 加入打散的全蛋液攪拌均勻（圖3）。

4 加入過篩的低筋麵粉攪拌均勻（圖4）。

5 加入鮮奶油攪拌均勻（圖5）。

6 最後加入香草牛奶攪拌均勻（圖6）。

7 製作好的塔餡應該是滑順細膩無顆粒的，將其冷藏1小時後使用（圖7）。

8 將冷藏的乳酪餡倒入烤好的塔皮至九分滿，放入烤箱烘烤（圖8）。

9 出爐放涼後脫模冷藏，食用前裝飾草莓或其他喜歡的水果（圖9）。

酸甜的檸檬和乳酪非常清爽，迷你小巧
的尺寸更方便食用。

迷你檸檬乳酪塔

（直徑4.5公分，12連馬芬模）

材料

甜塔皮……230克
奶油乳酪……50克
糖粉……35克
蜂蜜……25克
全蛋液……30克
檸檬皮屑……3克
檸檬汁……10克

烘焙

第一次：175度，上下火，中層，10分鐘
第二次：175度，上下火，中層，10分鐘

準備

● 奶油乳酪室溫軟化。
● 檸檬用鹽搓洗表皮，擦乾水分刨下皮屑，擠出檸檬汁。

製作步驟

1 將塔皮上下各鋪一張烘焙紙，擀成約0.2公分厚的薄片（圖1）。

2 用一個略大於模具的慕斯圈將麵皮分割出圓形（圖2）。

3 將麵皮鋪入模具，按壓餅皮使其厚薄均勻（圖3）。

4 用小叉子在底部刺小孔防止烘烤時鼓起，放入已預熱的烤箱進行第一次烘烤（圖4）。

5 製作檸檬乳酪餡：將軟化的奶油乳酪加入糖粉和蜂蜜攪拌滑順（圖5）。

6 加入打散的全蛋液攪拌均勻（圖6）。

7 加入檸檬皮屑和檸檬汁攪拌均勻即完成（圖7）。

8 取出烤好的塔皮，將檸檬乳酪餡用裱花袋擠入九分滿，放入烤箱繼續烘烤10分鐘出爐（圖8）。

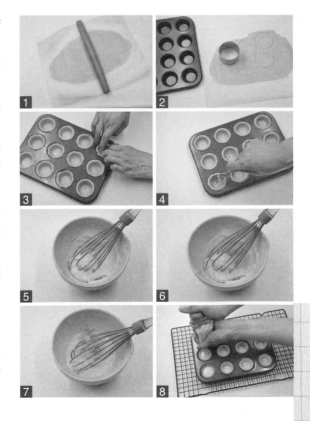

台式椰子塔

材料

甜塔皮……280克

奶油……60克

細砂糖……100克

鮮奶油……12克

雞蛋……2個

椰子粉……90克

奶粉……25克

烘焙

180度，上下火，中層，15分鐘，上色後轉150度再烤25分鐘

＊可以使用菊花模或蛋塔模來製作。

＊製作椰子餡時所有材料依次混合均勻即可，有稍微油水分離也不會影響。加入椰子粉之後要充分攪拌，使椰子粉將液體材料吸收進去。

＊椰子粉很容易上色，以高溫烘烤至表面呈淺金黃色，立即轉為低溫，慢慢烤熟。

 製作步驟

1 塔皮麵糰切割成小份，每份單獨擀開至0.4公分厚度。將塔皮蓋在模具上，用指腹將底部按壓貼合（圖1）。

2 用塑膠刮板將多餘塔皮切除（圖2）。

3 所有塔皮整形後，冷藏鬆弛30分鐘後使用（圖3）。

4 鬆弛塔皮的時間可以來製作椰子餡，按材料順序將軟化奶油加細砂糖攪拌均勻，依次加入鮮奶油、打散的蛋液，最後加入椰子粉和奶粉混合即可（圖4）。

5 將製作好的椰子餡裝入模具至八分滿，放入烤箱烘烤（圖5）。

杏仁塔 （直徑20公分圓形塔1個）

＊這裡分享的是基礎杏仁塔，也可以在擠入杏仁醬後，將莓果、切片香蕉
　等食材擺放在表面。烤製過程中隨著杏仁醬的膨脹而融合在一起。
＊出爐的杏仁塔可用杏桃果醬塗抹表面或撒糖粉進行裝飾。

 材料

甜塔皮……約300克
奶油……100克
香草精……少許
糖粉……80克
雞蛋……2個
杏仁粉……90克
低筋麵粉……15克
奶粉……10克

 烘焙

180度，上下火，中層，20分鐘，烤至上色後
轉150度再烤25～30分鐘，至表面金黃

 準備

● 取一份甜塔皮麵糰，依照p.169頁的做法壓
　入塔模整形。並在底部叉孔後冷藏鬆弛30分
　鐘，備用。
● 奶油軟化。
● 杏仁粉、低筋麵粉、奶粉混合過篩。

製作步驟

1 奶油軟化後加糖粉和香草精打發至膨鬆發白（圖1）。
2 分4～5次加入打散的蛋液，每次都要攪拌至完全吸收（圖2、3）。
3 將過篩的粉類材料一次加入，用刮刀混合均勻，冷藏約2小時後使用（圖4～5）。
4 將杏仁醬以直徑1公分的圓形裱花嘴由塔皮中間向四周呈螺旋形擠出，用湯匙背面將
  杏仁醬抹平，表面以杏仁片裝飾後放入烤箱烘烤（圖6～8）。

> 酥脆的塔皮和蓬鬆濃郁的杏仁醬，絕對無敵的美味組合！
> 這款基礎杏仁塔還可以用來搭配各種水果素材哦！

松露起司塔

（24×10公分長方形塔）

底層是酥脆塔皮，中間是清爽香濃的
起司，表面是入口即化的松露巧克
力，組合出令人驚豔的美味三重奏！

材料

起司餡

奶油乳酪……120克

細砂糖……28克

吉利丁片……3.6克

蛋黃……2個

鮮奶油……60克

檸檬汁……6克

松露巧克力

牛奶……15克

鮮奶油……15克

玉米糖漿……3克

黑巧克力……55克

軟化奶油……5克

甜塔皮……約170克

準備

- 奶油乳酪軟化，備用。
- 吉利丁片以3倍的冷水泡軟，備用。
- 鮮奶油打至稍有紋路後冷藏，備用。

製作步驟

1 取一份甜塔皮麵糰，依照p.169的做法壓入塔模整形，冷藏鬆弛後覆蓋烘焙紙、壓上重石，以180度、上下火、中層烤至邊緣上色，取下烘焙重石，繼續烘烤至底部呈金黃色，備用（圖1～2）。

2 奶油乳酪加細砂糖攪拌滑順（圖3）。

3 蛋黃隔水加溫持續攪拌至大約82度，體積膨鬆、顏色發白（圖4）。

4 軟化的吉利丁片瀝去水分，隔水融化（圖5）。

5 將融化的吉利丁、約82度打發的蛋黃、打發的鮮奶油、檸檬汁依序加入奶油乳酪中，攪拌均勻（圖6～9）。

6 完成的乳酪餡填入烤好的塔皮，冷藏定形（圖10）。

製作松露巧克力

7 將牛奶、鮮奶油加熱至大約80度離火，立即加入玉米糖漿攪拌均勻（圖11）。

8 趁熱加入黑巧克力攪拌至滑順（圖12）。

9 加入軟化奶油攪拌至完全吸收（圖13）。

10 待巧克力略微放涼，倒在已冷藏定形的起司上抹平表面，待其凝固後篩上可可粉裝飾（圖14～15）。

香蕉塔

（直徑16公分圓形塔2個）

 材料

甜塔皮……280克

雞蛋……2個

細砂糖……72克

杏仁粉……20克

椰子粉……25克

檸檬汁……少許

蘭姆酒……少許

融化奶油……25克

香蕉……2根

烘焙

170度，上下火，中層，20分鐘

 準備

● 取一份甜塔皮麵糰，依照p.169的做法整形並烘烤至金黃色備用。

● 香蕉去皮切成約0.8公分厚的片狀。

 製作步驟

1 將材料中除香蕉之外的所有材料依次按順序混合，攪拌均勻（圖1）。

2 完成的餡料填入烤好的塔皮中，擺滿切片的香蕉放入烤箱烘烤（圖2）。

part

10

布丁・慕斯

Pudding & Mousse

布丁和慕斯兩者的製作方法雖然不盡相同,但
同樣擁有爽滑細膩的口感。

1／什麼是吉利丁？

吉利丁是一種由動物骨皮提煉出來的純天然膠質，有使食材凝固的作用。吉利丁有片狀和粉末狀兩種狀態，兩者的差異僅是物理狀態的不同，使用時可等量互換。本書使用的是吉利丁片。

2／吉利丁使用前一定要用水浸泡嗎？

以吉利丁片為例，使用前要先以3倍清水或白葡萄酒浸泡至充分吸收水分變軟，如果水分吸收不充分，吉利丁將難以充分溶解。浸泡吉利丁時只能用室溫的清水或冰水，不能用熱水，用熱水浸泡無法將吉利丁徹底泡透。想要為甜點增加更好的風味，也可以使用白葡萄酒來浸泡。

3／加入吉利丁的方法

如果材料液體已經加熱至50度以上，可將泡軟的吉利丁直接瀝乾，加入攪拌就能完全溶解；而當材料液體不需要加溫或溫度較低時，需要將泡軟的吉利丁瀝乾後隔熱水融化，再加入攪拌。這裡要特別說明，個別水果（如奇異果、木瓜等）中所含的酵素會分解吉利丁裡的蛋白質，破壞其凝固能力，因此要將此類水果的果泥加熱後再使用。

4／吉利丁的溶解方法

隔熱水融化的方法比較不容易加熱過度，保持約50度的水溫使吉利丁緩慢融化，以免溫度過高破壞吉利丁的成分，使其失去凝固的能力。

5／吉利丁的適當用量

吉利丁的使用量因原料的不同以及所需的口感各異。通常，以占原料（除去打發奶油，加入吉利丁液的那部分原料）總量的2%～3%為宜。加入的吉利丁少，口感會偏柔軟；加入越多，口感越Q彈。

南瓜布丁

 材料

南瓜……100克
細砂糖……25克
牛奶……40克
鮮奶油……35克
雞蛋……1個
肉桂粉……少許（可忽略）

烘焙

160度，上下火，中層，
30分鐘

準備

• 南瓜去皮切片，蒸熟後
取100克，備用。

 製作步驟

1 所有材料秤量好，放入食物調理機中（圖1）。
2 用食物調理機攪拌成均勻的糊狀，倒出後靜置1小時（圖2）。
3 將靜置的布丁液過篩一次，倒入耐熱容器中（圖3）。
4 預熱的烤箱中層放一個深烤盤，注入溫水，將布丁碗包好鋁箔紙置於水中，放入預熱的烤箱中層烘烤（圖4）。

巧克力
布丁

加入了蛋黃的巧克力布丁,味道更加濃郁香滑,
冷藏後享用更美味!

材料

蛋黃⋯⋯60克

細砂糖⋯⋯20克

牛奶⋯⋯103克

鮮奶油⋯⋯33克

55%巧克力⋯⋯35克

烘焙

130度,上下火,中層,45分鐘

tips

出爐後自然放涼,食用前將打發的奶油以湯
匙舀起,裝飾在布丁上即可。

製作步驟

1 蛋黃加細砂糖攪拌均勻(圖1)。

2 將牛奶和鮮奶油用小鍋加熱煮
沸,一邊緩緩倒入蛋黃中,一邊
不停攪拌(圖2)。

3 巧克力隔約50度熱水融化,攪拌
至均勻滑順(圖3)。

4 取少量溫熱(約40度)的牛奶
蛋黃糊,與巧克力混合均勻(圖
4)。

5 將上一步驟的巧克力倒入剩餘蛋
黃糊中,攪拌均勻(圖5)。

6 完成的布丁糊過篩一次,用小湯
匙去除表面氣泡,倒入耐熱烘焙
用玻璃杯中(圖6)。

7 烤盤加熱水,玻璃杯用鋁箔紙包
好,放入預熱的烤箱烘烤(圖
7)。

香草布丁

嫩滑的香草布丁，無論大人孩子都喜歡。記得一定要使用天然香草哦！

材料

牛奶……340克

香草豆莢……1/3枝

砂糖……43克

鮮奶油……120克

蛋黃……40克

全蛋……20克

烘焙

水浴法，150度，上下火，中下層，60分鐘

製作步驟

1 香草豆莢從中間縱向剖開，用刀尖取出香草籽，連同豆莢一起混合牛奶煮沸，加蓋燜5分鐘使香味釋放（圖1）。

2 將砂糖和鮮奶油加入牛奶中攪拌均勻，加熱至大約80度（圖2～3）。

3 蛋黃和全蛋用手動打蛋器打散，注意不要攪拌出氣泡（圖4）。

4 煮好的牛奶緩緩倒入蛋液中，不斷攪拌防止將蛋液燙熟（圖5）。

5 完成的布丁糊過篩2次，如表面仍有氣泡，可用紙巾吸除（圖6）。

6 將倒入布丁糊的玻璃瓶置於注入熱水的深盤中，放入已預熱的烤箱烘烤（圖7）。

草莓牛奶慕斯

材料

草莓慕斯原料

A
- 草莓……150克
- 細砂糖……40克
- 吉利丁……4克
- 檸檬汁……1大匙

B
- 鮮奶油……100克
- 牛奶……20克

牛奶慕斯原料
- 牛奶……200克
- 鮮奶油……90克
- 細砂糖……30克
- 香草豆莢……1/5枝
- 吉利丁……4克

準備

- 2份吉利丁片剪碎，分別用4倍量的水泡軟。

製作步驟

1 首先製作草莓慕斯。將新鮮草莓洗淨瀝乾，用食物調理機打成泥（可以用網目較粗的篩網過篩1次），加入細砂糖攪拌均勻（圖1）。

2 取1/3量的草莓泥，隔著已經離火的熱水加溫，將泡軟的吉利丁片撈出，與其混合攪拌至完全融化（圖2）。

3 將2份草莓泥混合均勻（圖3）。

4 加入1大匙檸檬汁攪拌均勻（圖4）。

5 將草莓慕斯液隔冰水降溫，並不斷攪拌至濃稠狀（也可冷藏降溫，大約每隔10分鐘取出攪拌一次）（圖5）。

6 將材料B的鮮奶油和牛奶混合，打發至產生紋路（圖6）。

7 分2次將打發奶油與草莓慕斯糊混合（圖7～8）。

8 將草莓慕斯液倒入杯中約1/2滿的位置，冷藏備用（圖9）。

9 接下來製作牛奶慕斯。將牛奶、鮮奶油、細砂糖混合在小鍋裡。香草豆莢剖開取籽，並連同豆莢一起和牛奶混合（圖10）。

10 將上一步驟混合的液體煮至微沸，細砂糖融化後略微降溫（圖11）。

11 泡軟的吉利丁片撈出，與溫熱的牛奶混合並攪拌均勻（圖12）。

12 將牛奶液過篩一次，同時濾掉香草豆莢（圖13）。

13 同樣將完成的慕斯糊隔冰水或冷藏降溫至濃稠狀（圖14）。

14 取出已經凝固的草莓慕斯，將牛奶慕斯用小湯匙輕輕舀在上層，冷藏凝固（圖15）。

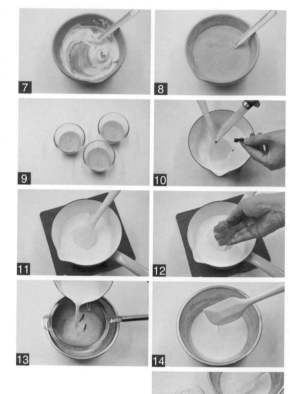

巧克力
三重奏

黑巧克力、牛奶巧克力、白巧克力，口感的層層遞進猶如
完美的三重奏，在入口的一瞬間讓人驚豔於它的美妙。

材料

發泡蛋漿原料	黑巧克力部分	歐蕾巧克力部分	白巧克力部分
蛋黃……70克	70%巧克力……40克	38%巧克力……50克	白巧克力……68克
水……23克	鮮奶油……133克	鮮奶油……120克	鮮奶油……133克
細砂糖……85克	發泡蛋漿……55克	吉利丁……0.5克	吉利丁……0.5克
		發泡蛋漿……50克	發泡蛋漿……45克

 準備

• 各部分材料中的吉利丁片剪碎，分別用4倍量的水泡軟。

 製作步驟

1 將發泡蛋漿中的所有材料混合攪拌均勻後，以最大火力微波加熱，每隔30秒取出攪拌一次，蛋糊變得濃稠後，要縮短時間，每隔3~5秒鐘攪拌一次，直至蛋漿溫度達到82度，呈現蓬鬆的泡沫狀時即可。此時將蛋漿攪拌滑順，備用（圖1）。

2 將400克鮮奶油（三種慕斯所需用到的鮮奶油的總量）打發至有紋路的狀態，備用（圖2）。

製作黑巧克力慕斯

3 將黑巧克力隔水（50度）融化（圖3）。

4 加入約1/3量（40克）打發鮮奶油混合均勻（圖4）。

5 加入55克發泡蛋漿攪拌均勻（圖5）。

6 加入剩餘的93克打發鮮奶油，混合均勻（圖6~7）。

7 將完成的黑巧克力慕斯部分平鋪在容器底部，冷藏（圖8）。

製作歐蕾巧克力慕斯

8 將牛奶巧克力隔水（50度）融化（圖9）。

9 取約1/3量（40克）打發鮮奶油混合均勻（圖10）。

10 加入泡軟的吉利丁，重新隔水加溫攪拌至大約35度，至吉利丁完全融化（圖11）。

11 加入50克發泡蛋漿攪拌均勻（圖12）。

12 加入剩餘的80克打發奶油攪拌均勻（圖13）。

13 將完成的慕斯糊均勻平鋪在已凝固的黑巧克力慕斯上，繼續冷藏凝固（圖14）。

14 依照歐蕾巧克力慕斯的製作方法，製作白巧克力慕斯，並將完成的慕斯糊平鋪於已凝固的歐蕾慕斯上層，冷藏至完全凝固即可（圖15）。

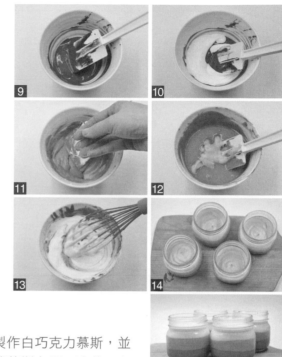

tips

* 製作發泡蛋漿時，用微波加熱的方式為蛋黃殺菌是最快捷方便的操作方法。需要注意的重點在於，中途要多次取出攪拌，才能使蛋黃充分均勻受熱。可以用紅外線測溫儀或食品溫度計進行測溫，沒有的話可以觀察蛋黃的狀態，變得非常蓬鬆時即完成。

* 在隔水融化巧克力時，要留意水的溫度不能過高。另外，裝巧克力的容器中不能殘留任何水分。巧克力與打發鮮奶油混合時，一定要先加入1/3的量攪拌至完全乳化，再繼續之後的操作，否則可能造成分離現象。

* 此則配方的分量可以製作一個6吋慕斯。提前製作一個巧克力海綿蛋糕，並切出一片蛋糕片，墊在模具底部，然後依次疊加慕斯部分即可。製作時必須注意，無論用6吋模具還是玻璃瓶來製作，都應該在前一層慕斯凝固後，再鋪新一層的慕斯糊，以免兩種原料混合在一起。使用玻璃瓶或慕斯杯來製作時，可將完成的慕斯糊用裱花袋裝起來擠入杯中，比較容易操作。

焦糖慕斯

非常濃郁的奶油焦糖風味，因為加入了蛋黃，味道更加滑順醇香。

材料

A
牛奶……80克
蛋黃……2個
細砂糖……20克
吉利丁……2.6克
奶油焦糖醬……35克

B
鮮奶油……80克
牛奶……20克

準備

• 吉利丁片剪碎，用4倍量的水泡軟。

製作步驟

1 將牛奶、蛋黃、細砂糖在小鍋中
攪拌均勻（圖1）。

2 中小火熬煮並用刮刀不停攪拌，
直到用手指劃過刮刀時有清晰的
痕跡，關火（圖2）。

3 將泡軟的吉利丁撈出，加在蛋黃
糊中攪拌至融化（圖3）。

4 加入奶油焦糖醬攪拌均勻（圖
4）。

5 過篩一次（圖5）。

6 浸泡冰水並不停攪拌，使其冷卻
直至呈黏稠狀（圖6）。

7 將材料B中的牛奶和奶油混合，
打發至有紋路（圖7）。

8 分2次將焦糖蛋奶液與打發的奶
油混合均勻（圖8）。

9 完成的慕斯液倒入杯中，加蓋冷藏至凝固，食用前再加
以裝飾（圖9）。

＊奶油焦糖醬的製作方法見p.251。在製作完成的奶油焦糖醬中加入鹽之花海鹽，
風味更佳。

抹茶慕斯

清爽的抹茶慕斯，有著淡淡的清苦、淡淡的甜。

tips

抹茶粉末極細，加入水後最好可以用茶筅來混合均勻。如果沒有的話就用手動打蛋器，一定要確實混合均勻，如有小的結塊，可在步驟5與牛奶蛋黃糊混合後過篩一次。

材料

A
- 蛋黃……3個
- 細砂糖……50克
- 牛奶……170克
- 吉利丁……4克

B
- 水……20毫升
- 抹茶粉……5克

C
- 鮮奶油……100克
- 牛奶……20克

準備

● 吉利丁片剪碎，用4倍量的水泡軟。

製作步驟

1. 蛋黃與細砂糖攪拌均勻，將煮至微沸的牛奶緩緩沖入蛋黃液中，不停攪拌（圖1）。

2. 將混合均勻的牛奶蛋黃糊倒回小鍋，繼續中小火加熱並不停攪拌至濃稠狀，手指在刮刀上劃過後可留下明顯痕跡時即可（圖2）。

3. 趁熱將泡軟的吉利丁片瀝乾，加入蛋黃液中並攪拌至融化（圖3）。

4. 將材料B中的抹茶粉過篩，加水攪拌均勻（圖4）。

5. 將牛奶蛋黃糊與抹茶液體混合，攪拌均勻，隔冰水降溫，備用（圖5～6）。

6. 將材料C的鮮奶油和牛奶混合打發至有紋路的狀態即可（圖7）。

7. 待抹茶蛋黃糊變得濃稠時，分3次加入打發奶油並混合均勻（圖8～9）。

8. 完成的慕斯糊倒入杯中，冷藏約4小時至凝固，食用前可裝飾打發奶油和蜜紅豆（圖10）。

香草慕斯

（直徑15公分環形不沾型圓模）

迷人的香草味道一定會讓你迷戀不已。

材料

牛奶……150克

香草豆莢……1/3枝

細砂糖……50克

蛋黃……2個

吉利丁……6克

鮮奶油……150克

製作步驟

準備

- 吉利丁片剪碎，用4倍量的水泡軟。

1 將香草豆莢縱向剖開，取香草籽混入牛奶中，加入一半量的細砂糖，煮至微沸（圖1）。

2 蛋黃加剩餘一半的細砂糖攪拌均勻（圖2）。

3 熱的牛奶緩緩沖入蛋黃，不停攪拌（圖3）。

4 混合後的牛奶蛋黃液體重新倒回小鍋，以中小火煮至濃稠（手指劃過刮刀會留下清晰的痕跡），期間要不停攪拌以免糊底（圖4）。

5 趁熱將泡軟的吉利丁瀝乾加入，攪拌至完全融化（圖5）。

6 將完成的香草蛋黃糊隔冰水降溫（圖6）。

7 待香草蛋黃糊變得濃稠，用刮刀劃過可以露出盆底的狀態即可（圖7）。

8 將鮮奶油打發至有紋路即可（圖8）。

9 香草蛋黃糊和打發奶油混合均勻（圖9）。

10 入模後冷藏4小時以上至凝固，脫模時可取一盆溫水將模具浸入（小心不要沒過表面）片刻，用一個盤子倒扣在模具上，反轉後取下模具即可（圖10）。

提拉米蘇的風味，除了優質的乳酪，很大程度上也取決於咖啡的品質。那種濃郁的優質黑咖啡最能襯出馬斯卡彭乳酪（Mascarpone Cheese）的溫和風味。

提拉米蘇
（手指餅乾版）

 材料

A [
馬斯卡彭乳酪……150克
鮮奶油……230克
蛋黃……2個
細砂糖……60克
水……25克
吉利丁……3克
]

B [
濃縮咖啡液……35克
咖啡酒……10克
細砂糖……15克
]

C [
手指餅乾一份
裝飾用可可粉……適量
]

 準備

• 馬斯卡彭乳酪軟化。

• 吉利丁加3倍冷水泡軟。

製作步驟

1　按照p.74的方法，製作一份手指餅
　　乾麵糊。將麵糊螺旋形擠出2個直徑
　　與模具大小一致的圓形，其餘的擠
　　成手指餅乾形狀，烤好後放涼，備
　　用（圖1）。

2　將材料B混合均勻攪拌至砂糖融化，
　　成為咖啡酒糖水，備用（圖2）。

3　2個蛋黃打散。25克水和60克細砂
　　糖煮至115度，一邊緩緩倒入蛋黃，
　　一邊持續攪拌直至蛋黃膨鬆滑順、
　　顏色泛白（圖3～4）。

4　馬斯卡彭乳酪攪拌滑順，加入蛋黃
　　糊攪拌均勻（圖5～6）。

5　泡軟的吉利丁瀝去水分，隔水融化
　　至液態時，倒入乳酪糊中攪拌均勻
　　（圖7～8）。

6　鮮奶油攪拌至出現紋路（圖9）。

7　將乳酪糊與打發的奶油混合均勻
　　（圖10）。

8　取一片餅乾底墊入模具底部，刷一
　　層咖啡酒糖水（圖11）。

9　倒入一半乳酪糊（圖12）。

10　放置第二片餅乾底並刷滿滿一層咖
　　啡酒糖水（圖13）。

11　倒入剩餘乳酪糊，抹平表面，冷藏4
　　小時以上至完全凝固（圖14）。

12　取出凝固的蛋糕，篩上可可粉，用熱毛巾圍繞模具四周加
　　溫後脫模，在周圍裝飾手指餅乾（圖15）。

tips

＊為呈現最純正的咖啡風味，最好能現磨咖啡豆製作濃縮咖啡。沒有咖啡豆的話，要
　用純咖啡粉加熱水來製作，但不能使用三合一咖啡粉。
＊115度的糖漿沖入蛋黃時可以發揮殺菌作用，因此不必擔心生蛋黃的使用。在這個過
　程中，左右手要配合好。糖漿沖入的同時，要用打蛋器及時攪拌開來，以免沉底後
　凝固。糖漿切不可直接沖在打蛋器上，否則會使糖漿飛濺，燙傷自己或他人。

提拉米蘇
（咖啡海綿蛋糕版）

除了使用手指餅乾和香脆海綿餅乾底來製作提拉米蘇外，還能以咖啡海綿蛋糕做為夾層來製作。因為蛋糕體使用了大量濃縮咖啡和咖啡粉，所以成品的咖啡風味更加濃郁，用它來製作柔軟版（不加吉利丁）提拉米蘇，裝在瓶子或杯子裡來享用也別有風味。

 材料

咖啡海綿蛋糕材料

雞蛋……3個

細砂糖……75克

低筋麵粉……75克

濃縮咖啡……100克

即溶純咖啡粉……25克

 烘焙

190度，上下火，中層，12分鐘

＊蛋糕體和咖啡酒糖水配方及製作方法同 p.200「手指餅乾版提拉米蘇」。

製作步驟

1 將熱的濃縮咖啡和即溶純咖啡粉
   混合均勻，備用（圖1）。

2 將3個雞蛋的蛋黃和蛋白分離。
   將蛋白分3次加入細砂糖，打發
   至乾性發泡（圖2）。

3 加入蛋黃中速攪拌均勻（圖
   3）。

4 加入第一步的濃縮咖啡液，繼續
   用中低速攪拌均勻（圖4～5）。

5 分2次篩入低筋麵粉翻拌均勻
   （圖6～7）。

6 完成的蛋糕糊倒入鋪了烘焙紙的
   烤盤，放入烤箱烘烤（圖8）。

7 將烤好的蛋糕片切割成與模具
   大小一致的2片，取一片墊入
   底部，刷一層咖啡酒糖水（圖
   9）。

8 倒入一半乳酪糊（圖10）。

9 再放入一片蛋糕，刷上咖啡酒糖
   水（圖11）。

10 倒入另一半乳酪糊，抹平表面，
   冷藏4小時以上使其凝固（圖
   12）。

11 篩上可可粉，脫模後切塊享用
   （圖13）。

＊將咖啡海綿蛋糕用圓形慕斯模切成小圓片，原配方中的吉利丁一步省略，用來製
  作軟身版瓶裝提拉米蘇，口感更滑順。瓶子加蓋後更方便攜帶和保存。

粉紅
夏洛特

（直徑15公分環形不沾型圓模）

使用酸甜清爽的覆盆莓製作而成，粉紅夢幻的夏洛特，送給你愛的人吧！

材料

手指餅乾圍邊、鬆脆海綿餅乾底及夾層部分

雞蛋……2個

細砂糖……60克

低筋麵粉……60克

粉紅色食用色素……少許

覆盆莓幕斯部分

覆盆莓果泥……170克

細砂糖……85克

吉利丁……8克

鮮奶油……200克

準備

• 吉利丁片剪碎，用4倍量的水泡軟。

製作步驟

1 首先製作手指餅乾圍邊及餅乾底。參考p.74「手指餅乾」的製作方法來製作2份麵糊，一份為粉紅圍邊，一份為餅乾底及夾層。製作圍邊時，在打發的蛋白中加入少許食用色素做成粉紅色手指餅乾，請注意，擠出的麵糊之間要留有0.5公分的空隙，這樣烤好後的圍邊才會清晰；另一份直接做原色，擠成小於模具直徑的2個圓形；麵糊擠好後都要篩上厚厚的糖粉（圖1～4）。

製作覆盆莓慕斯

2 覆盆莓用食物調理機打成果
　泥，過篩去籽（圖5）。

3 加入細砂糖攪拌至融化（圖
　6）。

4 取一小部分果泥加入泡軟的吉
　利丁，隔熱水加熱至吉利丁完
　全融化（圖7～8）。

5 將加了吉利丁的這部分果泥倒
　回剩餘的果泥中，隔冰水攪拌
　至濃稠（圖9）。

6 鮮奶油打發至出現紋路（圖
　10）。

7 果泥與打發奶油混合均勻，即
　完成慕斯糊（圖11～12）。

組裝

8 將圍邊用的粉紅手指餅乾截取
　合適的長度，圍在6吋圓模的
　內側。將一個餅乾底修剪後置
　於底部（圖13）。

9 倒入一半慕斯糊（圖14）。

10 取另一片餅乾底蓋在慕斯糊上並輕輕壓實，不留空
　隙。將剩餘的一半慕斯糊倒入，並抹平表面，冷藏4
　小時以上至凝固稍微裝飾（圖15）。

簡單美味的小點心

Dessert Like
Macaron, Madeline, Waffle,
Whoopee Pie

源自歐美的傳統小點心，最經典的不敗口味。

馬卡龍

材料

TPT糖糊（註）

杏仁粉……100克

糖粉……100克

老化蛋白……37.5克（冷藏2～14天）

蛋白霜

新鮮蛋白……37.5克

蛋白粉……0.5克（可忽略）

糖漿

砂糖……100克

水……25克

烘焙

方法一：結皮後的馬卡龍餅直接入烤箱（無需預熱）中層，設定溫度為上下火、
　　　　170度，烤約4分鐘出現裙邊時，轉上下火、140度，再烤大約8分鐘。

方法二：不結皮直接入預熱160度的烤箱，中下層，烤約12分鐘（視餅身大小）。

（註）法文tant pur tant的縮寫，
　　　指按比例1：1混合。

製作步驟

1　將杏仁粉和糖粉分別過篩，用手動打蛋器混合均勻（圖1～2）。

2　在杏仁粉中加入一份老化蛋白，備用（圖3）。

3　製作義式蛋白霜。將細砂糖和水秤量在小鍋裡（圖4）。

4　中火加熱糖漿至116度～121度（視空氣濕度調整）（圖5）。

5　在加熱糖漿的同時，將蛋白霜使用的一份新鮮蛋白加入蛋白粉（使蛋白更穩定），打發至乾性發泡（圖6～7）。

6　將煮好的糖漿立即緩緩倒入蛋白霜中，同時高速打發蛋白霜，直至糖漿全部加入（圖8）。

7　加入色粉，繼續中速打發（圖9）。

8　待蛋白霜溫度降至40度以下時要停止攪拌，否則容易造成消泡（圖10）。

9　完成的義式蛋白霜要放至徹底冷卻才能使用（圖11）。

10　將TPT糖糊和老化蛋白用刮刀切拌均勻，用力在盆壁抹壓幾次，使其更細膩。（圖12）。

11 取1/3量放涼的義式蛋白霜加入TPT糖糊中,以切拌加抹壓的方式混合均勻。(圖13～14)。

12 期間要將盆壁和刮刀上的麵糊刮乾淨,以確保充分混合。混合不均勻的糖糊容易造成裙邊歪斜(圖15)。

13 再取1/3量的義式蛋白霜加入糖糊中,翻拌均勻,視糖糊狀態決定是否以抹壓的方式使蛋白霜略微消泡(圖16～17)。

14 加入最後一份義式蛋白霜,繼續以翻拌手法混合25次左右,直至糖糊呈現細膩黏稠有光澤的狀態,從高處落下猶如緞帶般垂落(圖18)。

15 裱花袋裝入直徑約0.8公分的圓形裱花嘴,裝入糖糊,在烤盤上均勻擠出直徑約4公分的圓形。要注意留有一定間距,以免膨脹後沾黏(圖19)。

16 擠好後要輕拍烤盤底部,震出糖糊中的氣泡,並用竹籤挑破表面大的氣泡(圖20)。

17 擠好的圓形糖糊自然靜置,待表面亮澤感消失,手指輕觸表面不黏手即可放入烤箱烘烤(圖21～22)。

不同口味的馬卡龍餅配方:

巧克力口味:將配方中的100克杏仁粉調整為「95克杏仁粉+5克可可粉」。

抹茶口味:將配方中的100克杏仁粉調整為「95克杏仁粉+5克抹茶粉」。

紅茶口味:將配方中的100克杏仁粉調整為「95克杏仁粉+5克紅茶粉」。

咖啡口味:將配方中的100克杏仁粉調整為「97克杏仁粉+3克咖啡粉」。

馬卡龍的回潮

馬卡龍餅身和夾餡的厚度比例最好是1：1：1，擠好夾餡後保鮮盒密封冷藏24～48小時，待夾餡水分完全滲透進入餅身，才算回潮完畢。但是馬卡龍回潮的時間並非固定不變的，餅身的最佳狀態是外脆內軟。如果不小心將餅身烤得過乾，可透過夾入水分較多的內餡來調節。

馬卡龍的保存

完成回潮的馬卡龍放入保鮮盒，放入冰箱冷凍可保存2個月。

馬卡龍怎麼吃

自冰箱冷藏室（4度）取出，回溫5分鐘後品嘗；自冷凍室（0度以下）取出，回溫15～20分鐘解凍後品嘗。

空氣濕度	糖水溫度
75%以下	116度
75%-80%	117度
80%-90%	118～119度
90%以上	120～121度

馬卡龍夾餡

馬卡龍餅製作完成後，可以透過餅身的配色和餡料的搭配來做出口感和視覺上的協調與平衡。這裡簡單介紹兩個口味的夾餡供參考。

焦糖海鹽材料

鮮奶油……168克	軟化奶油……145克
細砂糖……150克	鹽之花海鹽……適量
淡鹽奶油……33克	

 製作步驟

1 鮮奶油煮沸後保溫（圖1）。

2 取另一小鍋，將細砂糖分成至少5次倒入，熬成焦糖色，期間可輕微攪拌（圖2～3）。

3 鍋子離火，加入含鹽奶油，用刮刀攪拌均勻（圖4）。

4 一點點地倒入熱的鮮奶油，全程不斷攪拌（圖5）

5 完成的焦糖奶油重新加熱至108度，離火後迅速隔冷水降溫（圖6）。

6 軟化奶油打發至膨鬆發白，將徹底降溫的奶油焦糖醬少量多次地加入，用手動打蛋器混合至滑順，此時加入鹽之花，混合均勻後即可使用（圖7～8）。

7 製作好的夾餡用圓形花嘴擠在餅身中間，將兩片馬卡龍餅夾起後密封冷藏一晚，待回潮後即可享用（圖9～10）。

基礎法式奶油霜材料

 製作步驟

奶油……250克	
水……50毫升	
砂糖……140克	
全蛋……2個	
蛋黃……2個	

1 奶油軟化後拌滑順。

2 全蛋和蛋黃打發至膨鬆發白。

3 水和砂糖煮至120度，緩緩倒入打發蛋液中攪拌均勻，保持低速攪拌，直至完全冷卻。

4 將蛋液一點點加入奶油中攪拌滑順，冷藏可保存3週。

 tips

＊如欲製作香草奶油霜，可在煮糖漿時加入香草籽。

＊基礎法式奶油霜可以透過混合不同醬料、果泥和香精來變化不同的口味。例如100克奶油霜可混合20克榛子醬或開心果醬、30克果醬或新鮮果泥等。

檸檬&巧克力瑪德蓮

（20連矽膠迷你瑪德蓮模2份）

材料

檸檬瑪德蓮材料	巧克力瑪德蓮材料
雞蛋……1個	雞蛋……1個
糖粉……60克	糖粉……40克
檸檬皮屑……1/2個	低筋麵粉……30克
低筋麵粉……50克	可可粉……5克
泡打粉……1克	泡打粉……1克
融化奶油……50克	奶油……30克
	巧克力……30克

烘焙

175度，上下火，中層，12分鐘

準備

● 粉類混合過篩。
● 奶油融化。

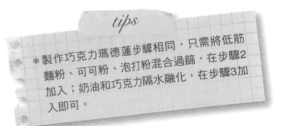

tips

＊製作巧克力瑪德蓮步驟相同，只需將低筋麵粉、可可粉、泡打粉混合過篩，在步驟2加入；奶油和巧克力隔水融化，在步驟3加入即可。

製作步驟

（以檸檬瑪德蓮為例）

1 雞蛋加糖粉攪拌均勻（無需打發），加入檸檬皮屑（圖1）。
2 篩入低筋麵粉和泡打粉攪拌均勻（圖2）。
3 倒入溫熱的融化奶油攪拌均勻（圖3）。
4 完成的麵糊滑順無顆粒，裝入裱花袋中（圖4）。
5 將麵糊擠入模具九分滿，放入烤箱（圖5）。

抹茶瑪德蓮

（20連矽膠迷你瑪德蓮模2份）

瑪德蓮也許是最簡單、最快速的小甜點了吧？從準備材料到放入烤箱烤製，40分鐘就能完成，但是它的味道卻一點也不遜色呢！加入抹茶的瑪德蓮，帶有一種綠茶的清新感。使用矽膠模具，蛋糕的底部不會上色太重，可以留住迷人的抹茶綠。

材料

A
- 雞蛋……1個
- 細砂糖……33克
- 牛奶……15克
- 蜂蜜……10克

B
- 低筋麵粉……37克
- 杏仁粉……13克
- 抹茶粉……3克
- 泡打粉……1.5克

C — 融化奶油……50克

 製作步驟

1 材料A中的雞蛋加細砂糖入盛器中，攪拌均勻（無須打發）（圖1）。

2 在蛋糊中加入牛奶和蜂蜜，攪拌均勻（圖2）。

3 將材料B中所有粉類材料混合過篩，篩入盛蛋糊的容器中攪拌均勻（圖3）。

4 將融化後溫熱的奶油倒入混合好的材料中，攪拌均勻（圖4～5）。

5 將完成的麵糊裝入裱花袋中，前端剪開一個小口，擠入模具九分滿放入烤箱（圖6～7）。

 烘焙

170度，上下火，中層，12分鐘

 準備

- 材料B中的所有粉類過篩。
- 奶油微波或隔水融化。

tips

＊抹茶粉不同於一般的綠茶粉，抹茶的製作相當講究，從茶葉的樹種、品質、葉片大小、採摘時間到製作工藝都極為嚴格。品質越高的抹茶，色澤越濃綠、粉末越細膩、味道越清香。品質差的抹茶粉或綠茶粉會呈現「黃綠色」。

＊高品質的抹茶粉如果保存不得當，也會因為氧化而失去原有的色澤，所以一定要密封冷藏保存，長時間不用的抹茶粉可以冷凍，使用前自然恢復室溫後再打開，以免結露潮濕。

杏仁費南雪 （4.7×9.5公分長條形費南雪模7個）

材料

A
- 蛋白……69克
- 玉米糖漿……1.5克
- 奶油……65克

B
- 低筋麵粉……28克
- 杏仁粉……28克
- 細砂糖……70克

 烘焙

210度，上下火，中層，10分鐘，轉200度再烤5分鐘

 準備

- 模具均勻地塗抹軟化的奶油，冷藏備用。
- 材料B中的所有粉類分別過篩。

 製作步驟

1 材料B的低筋麵粉、杏仁粉分別過篩，和細砂糖混合均勻，備用（圖1）。

2 蛋白隔約60度的溫水加熱至40度左右，攪打均勻（圖2）。

3 將糖漿加熱，取少量蛋白與其混合，倒回蛋白盆中攪拌均勻（圖3）。

4 將材料B的粉類倒入蛋白中攪拌均勻（圖4～5）。

5 將奶油加熱至呈褐色的焦化奶油（圖6）。

6 用細目的篩網或咖啡濾紙過濾奶油中的雜質（圖7）。

7 將溫熱的焦化奶油加入麵糊中攪拌100下，成為均勻的麵糊（圖8～9）。

8 用湯匙或裱花袋將麵糊注入處理過的模具，至八分滿，放入預熱的烤箱烘烤（圖10）。

tips

＊焦化奶油濃郁的香味非常突出，可透過加熱時間來調整口感。但是注意，不要加熱過度，隨時用小湯匙撈起奶油察看顏色，一旦到滿意的程度，立即將小鍋浸入冷水中降溫。

抹茶費南雪

（4.7×9.5公分長條形費南雪模6個）

材料

A
- 蛋白……55克
- 細砂糖……50克
- 鹽……0.5克

B
- 抹茶粉……5克
- 低筋麵粉……17克
- 杏仁粉……27克
- 奶油……55克

 烘焙

180度，上下火，中層，12分鐘

準備

- 模具均勻地塗抹軟化的奶油，撒上高筋麵粉冷藏，備用。
- 材料B中的抹茶粉過篩一次，再混合其餘所有粉類過篩。
- 奶油微波或隔水融化。

 製作步驟

1 材料A的蛋白加入鹽和細砂糖，攪拌成濃稠狀（不要打發，要以磨擦盆底的方式混合）（圖1～3）。
2 篩入材料B的所有粉類，混合均勻（圖4～5）。
3 將融化後溫熱的奶油少量多次地加入麵糊中，攪拌均勻（圖6～7）。
4 完成的麵糊裝入裱花袋，入模八分滿，放置在預熱烤箱的中層烘烤（圖8）。

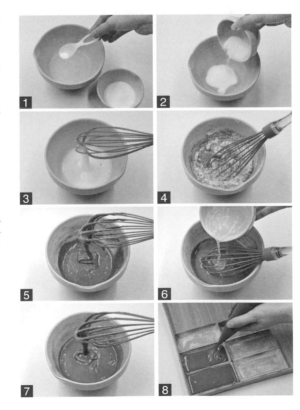

為了保留抹茶的顏色，配方中沒有使用焦化奶油。金屬模具會使蛋糕快速上色，金黃的烘焙色會掩蓋抹茶的綠色。可以在烘烤約10分鐘蛋糕定形後，迅速取出脫模，使底面（接觸模具的一面）朝上重新放回烤箱中，繼續烘烤2～3分鐘，這樣就能使烤好的蛋糕仍保持抹茶漂亮的綠色。

椰香費南雪

（心形費南雪8個）

材料

A
- 蛋白……69克
- 玉米糖漿……1.5克
- 奶油……65克

B
- 低筋麵粉……28克
- 杏仁粉……25克
- 椰子粉……10克
- 細砂糖……70克

製作方法參考p.218「杏仁費南雪」。

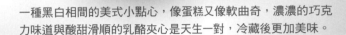

一種黑白相間的美式小點心，像蛋糕又像軟曲奇，濃濃的巧克力味道與酸甜滑順的乳酪夾心是天生一對，冷藏後更加美味。

屋比派

（直徑3公分小圓餅80片，可製作40個派）

 材料

A	奶油……28克	**B**	低筋麵粉……125克	**夾餡**	
	雞蛋……1個		可可粉……22克	奶油乳酪……140克	
	細砂糖……105克		泡打粉……6克	奶油……60克	
	玉米油……28克		鹽……2克	糖粉……30克	
C	牛奶……60克	**D**	黑巧克力……35克	香草精……少許	
	優酪乳……60克			檸檬汁……少許	

烘焙

190度，上下火，中層，13分鐘

 準備

- 奶油和奶油乳酪軟化。
- 雞蛋恢復室溫。
- 材料B的粉類混合過篩。
- 材料C的牛奶和優酪乳混合
  均勻。

 製作步驟

1 奶油軟化，加入一半的細砂
糖攪拌均勻（圖1～2）。

2 將一個全蛋加入剩餘的細砂
糖打散（圖3）。

3 將玉米油和蛋液交替加入奶
油中，攪拌均勻（圖4～5）。

4 奶油和蛋液、玉米油要充分
混合均勻（圖6）。

5 黑巧克力隔約40度溫水融
化，攪拌至滑順，冷卻至微
溫時加入奶油中，攪拌均勻
（圖7～9）。

6 加入一半過篩的粉類，用橡
皮刮刀切拌均勻（圖10）。

7 加入一半牛奶和優酪乳混合
液體，用橡皮刮刀切拌均勻
（圖11）。

8 如此交替進行，將所有粉類
和液體全部拌入，完成的麵糊光滑細膩無乾粉顆粒（圖12）。

9 將麵糊裝入裱花袋，用圓形裱花嘴垂直距離烤盤1公分高度擠出，攤開的麵糊
直徑和厚度要一致。中間至少留1公分間距，因烘烤後再會膨脹（圖13）。

10 用湯匙或手指沾水將麵糊表面的尖峰壓平，放入預熱烤箱的中層烘烤約13分
鐘，出爐後立即移置晾網上放涼（圖14）。

屋比派夾餡

 製作步驟

1 奶油乳酪和奶油軟化，加入
糖粉（圖1～2）。

2 用刮刀大略拌勻後，攪打至
膨鬆滑順（圖3～4）。

3 加少許檸檬汁和香草精繼續
攪拌均勻即可使用（圖5～
6）。

組裝

4 用中號圓形裱花嘴將乳酪夾
心擠在一片烤好的屋比派餅
上（圖7～8）。

5 用另一片派餅夾起，密封冷
藏。食用前可撒糖粉加以裝
飾（圖9）。

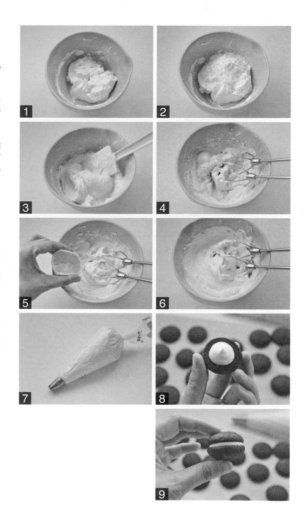

tips

製作屋比派非常簡單，唯一需要注意的就
是擠出的麵糊大小、厚薄要均勻，以確保
成熟度一致。如果沒有馬卡龍矽膠烤墊，
可以在一張白紙上畫好圖樣，墊在烘焙紙
下方做為參照。全部擠好後，記得抽出白
紙再放入烤箱。

225

焦化奶油、巧克力、堅果,非常和諧地
搭配出濃郁的味道。

巧克力
費南雪

（4.7×9.5公分長條形費南雪模5個）

材料

A
- 糖粉……60克
- 杏仁粉……40克
- 低筋麵粉……10克
- 可可粉……5克

B
- 蛋白……50克
- 奶油……35克
- 各種堅果……適量

烘焙

180度，上下火，中層，12分鐘

準備

- 模具均勻地塗抹軟化的奶油，冷藏備用。
- 材料A中的所有粉類分別過篩。

製作步驟

1 材料A的粉類混合篩入盆中，加入材料B的蛋白攪拌均勻（圖1〜2）。

2 奶油以中小火加熱至琥珀色，製成焦化奶油（圖3）。

3 將溫熱的奶油過濾雜質，加入麵糊中（圖4）。

4 攪拌至奶油吸收，麵糊呈滑順細膩的狀態（圖5）。

5 用裱花袋將麵糊擠入模具至八分滿，表面裝飾各種堅果，放入已預熱的烤箱烘烤（圖6）。

布朗尼

（12公分正方形烤盤）

巧克力控一定不可錯過布朗尼，結合了蛋糕的綿軟和曲奇的鬆脆，又加入了香酥的堅果，口感濃郁又不會過於甜膩，香濃的布朗尼特別適合搭配紅茶一起品嘗。

材料

黑巧克力……78克

奶油……130克

雞蛋……2個

細砂糖……60克

中筋麵粉……70克

熟核桃仁……80克

 烘焙

180度，上下火，19～22分鐘

 準備

- 核桃以155度烤12分鐘，至表面金黃有香氣，取出放涼，切大塊。
- 奶油軟化，備用。

 製作步驟

1 軟化後的奶油用刮刀拌至柔順光滑，不需要打發（圖1）。

2 巧克力隔水融化，注意水溫要控制在50度左右（不要太高），保持中火並且不要讓水溢入裝有巧克力的碗中（圖2）。

3 將融化的巧克力攪拌滑順（圖3）。

4 待巧克力降溫到45度以下或微溫時，拌入奶油中並攪拌均勻（圖4）。

5 在巧克力奶油中加入細砂糖，攪拌均勻（圖5）。

6 分3次加入打散的蛋液，每次都攪拌至完全吸收（圖6）。

7 加入所有蛋液後，巧克力奶油糊會非常膨鬆濕潤（圖7）。

8 將中筋麵粉篩入，用刮刀拌勻（圖8）。

9 加入切成大塊狀的核桃略微攪拌（圖9）。

10 完成的麵糊入模，用湯匙抹平表面，放入已預熱的烤箱烘烤（圖10）。

 tips

＊全程使用刮刀即可。

＊做出美味布朗尼的關鍵是要選用高品質的巧克力。這裡使用的是法芙娜（Valrhona）70%黑巧克力。

＊核桃仁可以替換為其他喜歡的堅果，使用腰果、杏仁也很美味。

BRUNCH

Bagel & Coffee

法式巧克力蛋糕

（500毫升耐高溫玻璃瓶1個）

完全不會失敗的一道蛋糕，也是我最喜歡的一道巧克力甜點，無論是熱熱吃還是放涼了吃都非常美味。保存在冰箱裡，每天都忍不住取出罐子挖幾勺來吃。一定要使用高品質的巧克力來製作哦！因為它的美味全都依靠巧克力來凸顯。

材料

巧克力……120克

奶油……80克

牛奶……15克

白蘭地……15克

蛋黃……2個

細砂糖（蛋黃用）……30克

蛋白……2個份

細砂糖（蛋白用）……30克

低筋麵粉……20克

＊最好使用可可含量高的巧克力來
　製作。

 製作步驟

1 將巧克力和奶油隔水加熱融
　 化（圖1～2）。

2 將蛋黃和細砂糖混合攪拌至
　 發白（圖3）。

3 將蛋黃倒入巧克力中攪拌均
　 勻（圖4）。

4 將微波加熱至約40度的牛奶
　 和白蘭地倒入巧克力中，混
　 合均勻（圖5）。

5 低筋麵粉篩入巧克力中攪拌
　 均勻（圖6）。

6 蛋白分3次加入細砂糖，以
　 中低速打發至濕性發泡（圖7）。

7 將打發的蛋白霜分3次加入巧克力麵糊中，翻拌均
　 勻（圖8～9）。

8 完成的蛋糕糊入模後輕敲桌面震出內部氣泡，沿著
　 玻璃罐口圍一圈寬約8公分的烘焙紙，以防止麵糊
　 膨脹時溢出（圖10）。

9 在烤盤裡倒入深約2公分的熱水，擺上罐子放入烤箱烘烤，待蛋糕的裂縫處變
　 得乾燥時即完成（圖11）。

 烘焙

水浴法，170度，上下火，中下層，30～
40分鐘

新鮮出爐的熱蛋糕最是美味,柔軟滑順的巧克力流心像
熔岩一樣從蛋糕中間溢出,融化在舌尖,滋味無窮!

熔岩巧克力蛋糕

（125毫升耐高溫玻璃瓶6個）

材料

A
- 雞蛋……2個
- 蛋黃……2個
- 糖粉……60克

B
- 黑巧克力……100克
- 奶油……100克

C
- 低筋麵粉……45克
- 蘭姆酒……適量

烘焙

水浴法，220度，上下火，中層，10～12分鐘

製作步驟

1 材料B的黑巧克力和奶油隔水融化，攪拌至滑順（圖1～2）。

2 材料A的雞蛋、蛋黃和糖粉混合攪拌至發白（圖3）。

3 將攪拌滑順的蛋液倒入融化的巧克力中，混合均勻（圖4）。

4 篩入低筋麵粉，加入蘭姆酒混合均勻（圖5～6）。

5 將完成的麵糊裝入玻璃瓶，冷藏2小時以上。烘烤時將蓋子取下，置於注入深2公分熱水的烤盤中，以水浴法烘烤至中間隆起時即完成（圖7）。

 tips

＊製作好的生麵糊可冷凍保存約2週，烘烤前提前恢復室溫即可。

＊烤製時間要視情況保留彈性，一般烤至中間隆起即可，烤太久會造成流心部分減少或消失，不過完全熟透的蛋糕也別有一番風味。

早安鬆餅

加入玉米脆片增添口感與香氣,是你的早餐好夥伴!

 材料

雞蛋……1個

鹽……少許

細砂糖……30克

香草精……少許

牛奶……100克

蜂蜜……10克

奶油……30克

低筋麵粉……100克

泡打粉……3克

玉米脆片……30克

 製作步驟

1 雞蛋加細砂糖、香草精打散(圖1)。

2 依序加入牛奶、蜂蜜、融化的奶油攪拌均勻(圖2~4)。

3 篩入低筋麵粉和泡打粉攪拌均勻(圖5)。

4 加入玉米脆片混合後靜置30分鐘,裝入裱花袋會更容易操作(圖6~7)。

5 鬆餅機預熱,薄薄地刷一層奶油防止沾黏(圖8)。

6 擠上麵糊後用湯匙背面抹平表面(圖9)。

7 蓋上鬆餅機烘烤,完成後可用竹籤挑起一角,取出鬆餅置於晾網上,略微冷卻即可食用(圖10)。

 烘焙

210度,上下火,中層,10分鐘後轉200度,再烤5分鐘

 準備

• 奶油融化。

• 低筋麵粉、泡打粉混合過篩。

摩卡珍珠鬆餅

材料

雞蛋……1個

細砂糖……20克

融化奶油……30克

牛奶……100克

咖啡酒……10克

低筋麵粉……85克

咖啡粉……5克

可可粉……10克

泡打粉……5克

烘焙用珍珠糖……3大匙

製作方法同p.235「早安鬆餅」。

tips

＊烤製格子鬆餅（waffle）的模具可以選擇矽膠製、金屬製，或者是可雙面加熱的插電式家用鬆餅機。不同的模具各有利弊：矽膠模具方便脫模，但是貼合矽膠的一面上色偏淺；金屬鬆餅烤模的優點是可以靈活控制溫度，缺點是要不停翻面且需明火加熱；插電式家用鬆餅機則採用雙面加熱，操作上更加簡便。金屬模具還有個優點，可以使鬆餅兩面都有漂亮的金黃色，製作出來的鬆餅外酥內軟。

＊製作好的鬆餅麵糊最好靜置30分鐘，以利材料更加充分融合。

＊鬆餅趁熱食用最為美味，可以搭配楓糖漿、奶油香緹、水果、冰淇淋等等。吃不完的鬆餅可冷藏保存2～3天，食用前放入微波爐或烤箱加熱即可恢復鬆軟。

part

12

冰淇淋、果醬及其他
Ice Cream & Fruit Jam

用料簡單、口味純粹的自製冰淇淋,最適合做
為全家大小的消暑點心;以天然食材熬製的手工
果醬與抹醬,更是早餐不可或缺的麵包好朋友。

香濃的巧克力冰淇淋搭配各種堅果，味道非常迷人。

巧克力冰淇淋

材料

蛋黃……2個
細砂糖……30克
牛奶……165克
鮮奶油……165克
黑巧克力……80克

製作步驟

1 將黑巧克力切碎，備用（圖1）。

2 將蛋黃加入細砂糖攪拌均勻，牛奶和鮮奶油加熱到微沸時，緩緩沖入蛋黃中，同時不停攪拌（圖2）。

3 將攪拌均勻的蛋奶糊倒回小鍋，邊攪拌邊加熱，直至蛋奶糊呈濃稠狀，手指劃過刮刀可以留下清晰的痕跡時即可（圖3）。

4 將熱的蛋奶糊沖入巧克力碎片中，攪拌至巧克力融化（圖4）。

5 將完成的蛋奶糊冷藏1小時以上（圖5）。

6 將冷藏好的蛋奶糊倒入冷凍24小時的家庭式冰淇淋機內桶中，開啟冰淇淋機進行攪拌（圖6）。

7 完成的冰淇淋用刮刀刮下，盛裝在密封盒裡，冷凍保存（圖7）。

tips

這裡使用的巧克力可以根據喜好自由選擇，可可脂含量越高的巧克力，味道越濃郁，而牛奶巧克力則相對柔和。

最濃郁的抹茶冰淇淋，沉靜的綠色襯著濃醇的茶香，
令人一試難忘。

濃醇抹茶冰淇淋

材料

蛋黃……3個
細砂糖……80克
牛奶……50克
鮮奶油……250克
抹茶粉……20克

製作步驟

1 蛋黃加入細砂糖攪拌均勻（圖1）。

2 用打蛋器打發至砂糖融化，蛋黃呈現綢緞般滑順（圖2）。

3 加入牛奶攪拌均勻後，微波加熱至80度，期間每隔30秒取出攪拌一次，完成的蛋奶糊放涼，備用（圖3～4）。

4 鮮奶油略微攪拌後，篩入抹茶粉，打發至濃稠滑順（圖5～6）。

5 將放涼的蛋奶糊與抹茶鮮奶油混合均勻，倒入家庭式冰淇淋機攪拌，完成的冰淇淋用密封盒冷凍保存（圖7～8）。

tips

將蛋奶糊用微波加熱的形式進行殺菌，如果使用的是無菌雞蛋，可省略步驟3（牛奶也可以不加）。

重口味的榴槤冰淇淋，懂得它的人
一定會深深癡迷。

榴槤冰淇淋

 材料

榴槤果肉……300克
蛋黃……2個
牛奶……250克
細砂糖……40克
鮮奶油……250克

 製作步驟

1 蛋黃加少許糖稍微打發（圖1）
2 牛奶加入剩餘的細砂糖，煮至微
　沸，緩緩倒入蛋黃中，期間要不
　停攪拌以免將蛋黃燙熟（圖2）
3 將蛋奶糊重新倒回鍋中，以小火
　邊加熱邊攪拌，直到蛋奶糊呈濃
　稠狀，手指劃過刮刀能留下清晰
　的痕跡（圖3）
4 將榴槤果肉用食物調理機打成果
　泥（圖4）。
5 榴槤果泥和蛋奶糊混合均勻，冷藏12小時（圖5～6）。
6 鮮奶油打發後，加入冷藏的榴槤蛋奶糊混合均勻。完成
　的冰淇淋可使用冰淇淋機攪拌30～40分鐘至膨鬆，裝入
　密封盒冷凍，也可以直接冷凍並每隔半小時取出攪拌一
　次，重複4～6次達到膨鬆的狀態，密封冷凍（圖7～9）。

覆盆莓香草彩帶冰淇淋

覆盆莓的酸甜清爽纏繞著香草的芬芳濃郁，不要充分混合就能製造出彩帶般的曼妙視覺效果。

 材料

A
覆盆莓果泥……130克
細砂糖……15克

B
蛋黃……2個
牛奶……250克
香草豆莢……1/3枝
細砂糖……30克
鮮奶油……250克

製作步驟

1 將覆盆莓用食物調理機打成果泥，過篩去籽，加入細砂糖攪拌至融化，冷藏備用（圖1～2）。

2 按照p.243「榴槤冰淇淋」中蛋奶糊的做法製作香草蛋奶糊。在加入熱牛奶前先將香草籽混合後煮沸。製作好的蛋奶糊冷藏，備用（圖3）。

3 將打發的鮮奶油和冷藏的蛋奶糊混合後倒入家庭式冰淇淋機攪拌，即成為香草冰淇淋。香草冰淇淋製作完成後倒入盆中，將冷藏的覆盆莓果泥倒入並稍微混合即可（圖4～5）。

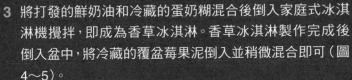

草莓果醬

材料

草莓……1公斤

砂糖……600～800克

檸檬……1顆

tips

＊做果醬時，加入的糖量根據使用水果的酸甜度調整，一般應
　使用水果重量的一半以上，不應低於30%。因為糖在熬煮過
　程中有助於果膠的析出，糖過少的話會導致果醬很難達到凝
　結點，保質期也會相對縮短。

＊使用檸檬汁一方面可以防止果肉氧化變色，另一方面可增加
　風味。做果醬時使用新鮮檸檬榨汁和濃縮檸檬汁均可。

＊熬製果醬最好使用不鏽鋼鍋、琺瑯鍋或不沾鍋，不要使用鐵
　鍋。鐵鍋會使水果變色，熬煮過程要適當攪拌，防止沾鍋，
　使用麵包機的果醬功能會更省力。

＊保存果醬的瓶子和蓋子都要用沸水煮過，經高溫殺菌後瀝乾
　使用，裝入果醬後再放入沒過瓶頂的水中煮沸，取出後自然
　冷卻，經過消毒處理的容器可以有效延長保存期。

製作步驟

1 將草莓洗淨、去蒂,切小塊,加入砂糖(圖1)。

2 將砂糖拌勻,醃漬半天或一晚(圖2)。

3 開大火將草莓連同醃漬的汁液一起煮沸(圖3)。

4 以中火持續熬煮,使草莓保持沸騰狀態,期間不時翻拌以免糊底,至濃稠時關火,加入檸檬汁拌勻,趁熱裝瓶即可(圖4)。

抹茶牛奶抹醬

材料

A [牛奶……50克
抹茶粉……10克]

B [牛奶……150克
鮮奶油……100克
細砂糖……80克]

製作步驟

1　將材料A的抹茶粉過篩，牛奶加熱至微溫後與抹茶粉混合，攪拌均勻（圖1～3）。

2　材料B的所有原料混合，用小鍋加熱，不斷攪拌至濃稠（圖4）。

3　將混合好的抹茶牛奶倒入鍋中，攪拌均勻（圖5）。

4　重新加熱煮沸後關火，裝入消毒過的瓶中，密封保存（圖6）。

砂糖經加熱至焦化後產生微苦的口感，混合鮮奶油濃郁
的奶香，富有獨特的甜蜜味道。奶油焦糖醬製作簡單，
用途卻極為廣泛，無論是塗抹麵包、用於蛋糕裝飾的淋
漿、搭配鬆餅、做為蛋糕的原料，還是用於花式咖啡及
奶茶的調味，都能帶來獨特的風味。

奶油焦糖醬

 材料

鮮奶油……100克
砂糖……100克
水……15克

 製作步驟

1 將砂糖和水倒進鍋裡，小火加
  熱，過程中不要攪動，可以輕輕
  晃動鍋子，使糖漿受熱均勻（圖
  1）。

2 糖漿慢慢開始變成淺金黃色，繼
  續維持小火加熱。此時將鮮奶油
  加熱，備用（圖2）。

3 繼續小火加熱，直到糖漿變成深
  琥珀色（圖3）。

4 立即關火，將加熱的鮮奶油倒入鍋中，糖漿會劇烈沸騰（圖4）。

5 用木鏟或耐熱的矽膠鏟將鮮奶油和糖漿混合均勻（圖5）。

6 待其降溫後，密封在瓶中冷藏（圖6）。

tips

＊熬煮糖漿的鍋不宜太小，鍋底不宜太薄。鍋內加入熱的鮮奶油後，糖漿會劇烈沸騰，
  容易溢出，而太薄的鍋底導熱太快，容易使焦糖熬煮過度。
＊低溫的鮮奶油會使焦糖迅速降溫結塊，因此一定提前加熱。可以在糖漿開始變色時微
  波加熱，也可以明火加熱，但是一定要把握與糖漿混合的時機。
＊焦糖醬的口味主要來自於砂糖焦化後產生的微苦口感，因此，糖漿若熬煮得不夠則風
  味不足，熬過頭則會產生焦苦味道。

糖漬金桔

每年金桔上市的時節，一定要做一些金桔蜜，
用它來泡水喝或做蛋糕都非常美味。

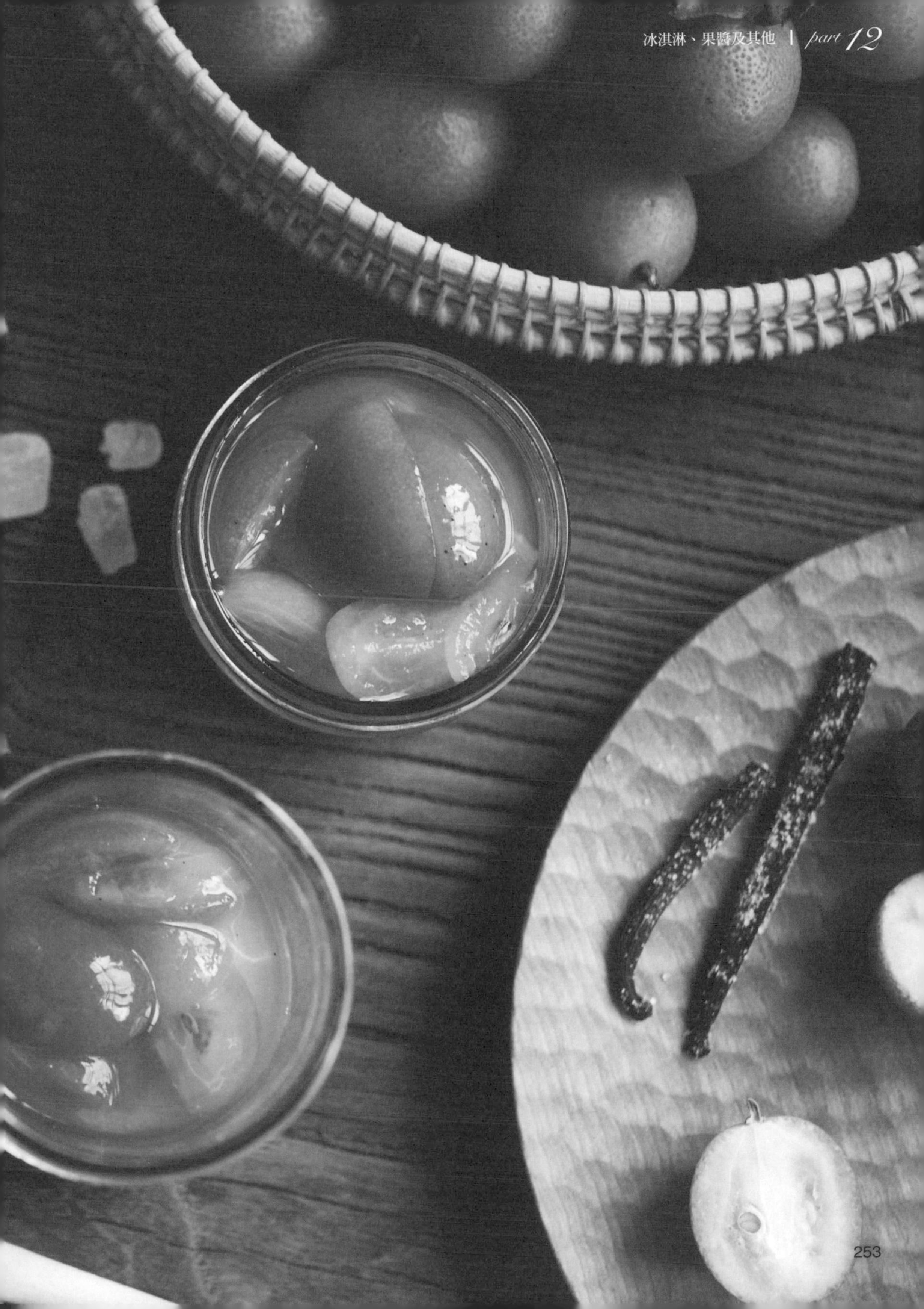

材料

金桔……1公斤
砂糖……180克
冰糖……320克
香草豆莢……1/2枝
水……800克

製作步驟

1 金桔洗淨,切四等份(圖1)。

2 取出香草籽和砂糖混合,加
  入金桔中拌勻。如果有時間
  可醃漬半天(圖2~3)。

3 醃漬好的金桔加入冰糖和
  水,大火煮沸(圖4~5)。

4 轉中火熬煮,中途不斷攪拌
  使金桔籽脫落。用漏勺將漂浮的金桔籽撈出(圖
  6)。

5 將金桔煮至透明時即可關火,裝瓶密封後冷藏保存
  (圖7)。

作者簡介

靜心蓮

　　本名常豔蕊。非典型公務員，上得廳堂，下得
廚房，玩得一手好烤箱。烘焙成癮，攝影中毒，
嗜美近狂。

　　常用水瓶座的天馬行空，來表達獨特的生活美
學；更將休閒假日，烘焙成甜蜜時光。

做甜點時，什麼也不多想
只是靜靜看著烤箱裡的點心逐漸轉為金黃
不知不覺間，心也跟著平靜了
或許，這就是烘焙的迷人之處吧！